教育部人文社会科学研究规划基金项目（项目批准号24YJA710006）成果

大学生社交网络使用与抑郁的关系及干预研究

陈永华 著

西安交通大学出版社
XI'AN JIAOTONG UNIVERSITY PRESS

图书在版编目(CIP)数据

大学生社交网络使用与抑郁的关系及干预研究/陈永华著. -- 西安 : 西安交通大学出版社, 2024. 12.
ISBN 978 - 7 - 5693 - 3882 - 9

Ⅰ. B842. 6

中国国家版本馆 CIP 数据核字第 20248TT075 号

大学生社交网络使用与抑郁的关系及干预研究
DAXUESHENG SHEJIAO WANGLUO SHIYONG YU YIYU DE GUANXI JI GANYU YANJIU

著　　者　陈永华
责任编辑　张　娟
责任校对　许方怿
封面设计　任加盟

出版发行　西安交通大学出版社
(西安市兴庆南路 1 号　邮政编码 710048)
网　　址　http://www.xjtupress.com
电　　话　(029)82668357　82667874(市场营销中心)
(029)82668315(总编办)
传　　真　(029)82668280
印　　刷　西安五星印刷有限公司

开　　本　720mm × 1000mm　1/16　**印张**　17　**字数**　224 千字
版次印次　2024 年 12 月第 1 版　2025 年 1 月第 1 次印刷
书　　号　ISBN 978 - 7 - 5693 - 3882 - 9
定　　价　68.00 元

如发现印装质量问题,请与本社市场营销中心联系。
订购热线:(029)82665248　(029)82667874
投稿热线:(029)82668525

序

习近平总书记在党的二十大报告中强调:“重视心理健康和精神卫生。”2023 年,教育部召开全国学生心理健康工作视频会议。会议指出,党中央、国务院高度重视学生心理健康工作,习近平总书记作出一系列重要指示批示;并指出,要切实提高思想认识,以对国家和民族未来高度负责的使命感,以“时时放心不下”的责任感,紧密结合当前学生心理健康现状和发展趋势,全面加强和改进新时代学生心理健康工作。

抑郁是一种常见的心理健康问题。大学生是抑郁的易感人群之一,同时也是社交网络使用的主要群体之一。他们通过网络社区传播信息、表达观点、维持关系、获得社会情感支持,同时社交网络的使用也给大学生带来了许多心理问题,诸如自我认知失调、负面情绪增多等。

陈永华教授的研究以解决问题为导向,以实际应用为驱动,以理论探索为支撑,以策略提出为目标,探索社交网络使用对抑郁的作用机制及干预策略,为培养大学生理性、积极的心态,促进大学生的心理健康,提供理论及实践支撑。陈永华教授的研究聚焦以下三个目标:一是探索大学生社交网络使用与抑郁的相关性,分析相关影响因素及社交网络使用行为对抑郁的影响路径,深入探析某些中介变量,如领悟社会支持等在社交网络使用对抑郁的影响路径中的中介作用;二是基于社交网络使用对抑郁的影响路径,探析社交网络使用对抑郁的作用机理;三是构建大学生抑郁干预理论模型,在此基础上实施随机对照(抑郁)干预实验,依据干预实验结果,并结合实证调查研究成果,提出大学生抑郁干预策略。

《大学生社交网络使用与抑郁的关系及干预研究》一书在实证研究阶段采

用分阶段分层随机抽样的方法选取多所高等普通学校的大学生为研究对象，涵盖不同类型高校、不同专业、不同年级，利用多中心、大样本研究社交网络使用对大学生抑郁的影响及其作用机制。覆盖学校层次多、涵盖学科门类多、研究样本量大等特点使本研究更具科学价值、理论价值和推广应用价值。

马军

北京大学儿童青少年卫生研究所　所长、教授

教育部首届全国中小学健康教育教学指导委员会　主任委员

国家卫生标准委员会学校卫生标准专业委员会　主任委员

相关说明及部分英文缩写释义

全书引用外文文献较多,文献作者涉及多个国家,为避免翻译误差,参考文献中列举文献详细信息的外语作者名在正文中均未翻译。可视化分析(第14~25页)中以Web of Science (WOS)为研究工具的搜索关键词(与以中国知网数据库CNKI为研究工具的关键词基本一致)、文献分布情况、关键词聚类分析等均使用搜索和分析图谱生成时使用的语言,未翻译成中文。此外,统计分析中涉及的CI(置信区间)、*M*(平均值)、SD(标准方差)等符号,CiteSpace等软件,WOS、CNKI等数据库或行业内通行的英文术语均在正文中首次出现时有相关说明。

全书中的变量"微信使用"(是、否)与"QQ空间使用"(是、否)均指过去1年中使用频率较高(是)或使用频率低(否),而非绝对使用或不使用,"电脑登录"包括台式电脑登录与笔记本电脑登录。

APA	American Psychiatric Association	美国精神医学会
BDI	Beck Depression Inventory	贝克抑郁量表
CASSS	Child and Adolescent Social Support Scale	儿童及青少年社会支持量表
CB	Cyber Bullying	网络暴力
CBQ	Cyber Bullying Questionnaire	网络暴力问卷
CCE	Complementary Congru-Ence	补偿一致性
CES-D	Center for Epidemiologic Studies Depression Scale	流调中心用抑郁量表
CFI	Comparative Fit Index	比较拟合指数
CPCI	Conference Proceedings Citation Index	科技会议录索引
CVABS	Cyber Victim and Bullying Scale	网络受害与网络欺凌量表
DSM	*Diagnostic and Statistical Manual of Mental Disorders*	《精神障碍诊断与统计手册》
ESCI	Emerging Sources Citation Index	新兴源引文索引
ESLS	Emotional versus Social Loneliness Scales	情感-社交孤独量表
FAS	Facebook Addiction Scale	脸书成瘾量表

GFI	Goodness of Fit Index	拟合优度指数
IAT	Internet Addiction Test	网络成瘾测试
ICD	Impulse-control Disorde	冲动－控制失序症
KMO	Kaiser-Meyer-Olkin	抽样适合性检验
MCMC	Markov Chain Monte Carlo	马尔科夫链蒙特卡洛法
MEA	Mediating Effect Analysis	中介效应分析
PCU	Pathological Computer Use	病理性计算机使用
PG	Pathological Gambling	病理性赌博
PIU	Pathological Internet Use	病理性网络使用
PSS	Perceived Social Support	领悟社会支持
PSSS	Perceived Social Support Scale	领悟社会支持量表
RMSEA	Root Mean Square Error of Approximation	均方根误差逼近度
RSS	Received Social Support	客观社会支持
SAS	Staistical Analysis System	统计分析系统
SCE	Supplementary Congru-Ence	补充一致性
SCI	Science Citation Index	科学引文索引
SNA	Social Networks Addition	社交网络成瘾
SNS	Social Network Service	社交网络服务
SPSS	Stastic Package for Social Science	社会科学统计软件包
SSCI	Social Sciences Citation Index	社会科学引文索引
SSSS	Student Social Support Scale	学生社会支持量表
STLS	State versus Trait Loneliness Scale	状态－特质孤独量表
WHO	World Health Organization	世界卫生组织

目录

第一章　绪　论

1.1　研究背景

抑郁是个体由于自身能力无法摆脱外界压力而产生的消极情绪情感体验，主要表现为持久性心境低落，并伴有痛苦或不愉快的负性情绪状态。随着经济的快速发展和社会的急剧变革，人们的工作、生活节奏不断加快，面临的压力不断增大，抑郁在正常人群中的发生率呈不断增长的趋势。据世界卫生组织统计，全球抑郁症的发病率约为11%。抑郁不仅影响个体的认知、思维和生活交往方式，而且与一些不良行为，比如酗酒、攻击、沉迷网络等关系密切，严重者可能产生自杀意念甚至是自杀行为。抑郁可能导致大学生中断学业，为个人、家庭乃至社会都带来不容忽视的损害。与抑郁相关的因素很多，如应急性生活事件、人际关系、人格特质、家庭关系、学习与就业压力、情感问题等。由于网络技术的快速发展和普及，人们的生活模式、工作状态和交往方法也有了很大变化，已经突破了物理空间、时间空间和现实空间的限制，逐渐延伸至网络空间，但过度的社交网络使用可能与抑郁具有某种关联性。

社交网络作为沟通交流、信息获取、信息分享的重要媒介，具有规模大、演变快、高度复杂等特征[1]。在国外，最有代表性的社交网络平台有脸书（Facebook）、领英（LinkedIn）、谷歌+（Google+）、聚友（MySpace）等；在国内，最受用户欢迎的社交网络平台有微信、QQ、微博、抖音等。这些社交网络平台覆盖了各个年龄段的使用群体，并根据各自不同的定位和功能为其使用者提供了不同的网络社交服务，满足了不同用户的现实需求。面对社交网络的快速发展，中国网民规模不断壮大。截至2019年9月，我国网络使用者达到8.54亿人，其中学生群体占比最大，为26%，用手机上网的用户达8.47亿，占整个网民群体的99.1%[2]。中共中央、国务院《关于进一步加强和改进大学生思想政治教育的意见》(中发〔2004〕16号)中明确指出"我国在校大学生包括本科生、专科生和研究生"[3]，他们文化层次高，掌握新技术的速度快，比较容易接受新鲜事物，特别是整个社会经济水平的提升又使得几乎每位大学生都可以承担一部智能手机的费用，这种情况下，与手机为伴已是大学生的生活常态，从某种程度上来说，社交网络已演变为大学生的"第二生活空间"。这种"第二生活空间"的不断拓展正潜移默化地改变着大学生的学习生活方式、思维模式和做事方法，同时也对大学生的心理健康产生了巨大影响。

大学生是抑郁的易感人群之一，这与社交网络使用有一定的关联。一方面，大学生通过社交网络平台进行社会参与、人际沟通、情感表露、信息交流和自我呈现，社交网络平台为他们拓宽了社交空间、搭建了展示平台、提供了释放渠道；另一方面，社交网络会使人在第二空间的世界里进入忘我的状态，甚至不能自已。"手机控"现象就是社交网络使用不恰当的外在表现，如果不能及时调整干预，可能会逐步发展为"问题性社交网络使用"，从而对大学生的心理健康产生很大影响[4-5]，并且很可能成为大学生抑郁的诱因之一。研究表明，社交网络的不当使用会有以下弊端：在一定程度上可能会干扰大学生的情绪控制能力，从而使大学生产生不良心境和错误认知[6]；容易影响亲密关系，导致沟通不畅、缺乏相互支持、情感疏离，甚至亲密关系破裂、互生怨恨[7]；可能导致社交技能降低，诱发情绪障碍[8]，增加抑郁风险[9]，产生消极情绪甚至是自杀意念[10]。此外，过度依赖和使用社交网络极有可能导致社交网络成瘾。2015年的某个统计报告提示，中国50%以上的网络使用者有网络依赖的倾向，其中较为依赖者占40.6%，非常依赖者占12.5%，而社交网络成瘾倾向会给青少年带来极大危害，可造成强迫症躯体化症状，增加人际敏感程度，降低人际信任度，诱发偏执、敌对、焦虑等负面情绪和不良人格，甚至出现抑郁症状[11]。2020年10月，世界卫生组织总干事长谭德塞指出，全球有近10亿人患有精神障碍，每40秒就有1人死于自杀。2014年5月，世界卫生组织发布的《全球青少年健康问题》报告显示，抑郁症是青少年致病和致残的主要原因。2020年9月，国家卫生与健康委员会发布了《探索抑郁症防治特色服务工作方案》，要求各高中及高等院校将抑郁症筛查纳入学生健康体检内容，建立学生心理健康档案，评估学生心理健康状况，对测评结果异常的学生给予重点关注。因此，开展社交网络使用环境下的大学生抑郁方面的研究刻不容缓，十分重要。一方面，大学生在大学早期尚处于青春期，这一阶段正是生理、心理经历重大变化的关键节点，容易受到各种外界因素的影响，极易出现心理状态失衡。据针对青少年的报道，心理问题可能会成为青少年群体致病、致死的重要原因之一[12]。良好的心理状态是大学生形成完美人格的前提，是养成良好体质的基础。另一方面，随着科学技术的迅猛发展，社会变革持续加剧，新形态、新模式犹如雨后春笋般层出不穷，人们的经济生活水平不断提升，这使得人们的生产生活方式也发生了根本性的变化。处于人生特殊阶段的大学生，不但要处理好自身生理、心理骤变带来的冲击，而且要快速适应社会变革，同时还要应对来自学业、就业的压力，这可能会导致大学生相关心理应激因素急剧增加，大学生抑郁的潜在危害日益严重。

从以往文献来看，当前针对大学生抑郁与社交网络使用方面的研究主要集中于五个方面：一是青少年抑郁的现状及影响因素研究，并基于影响因素探索大学生抑郁的应对策略；二是青少年网络心理健康教育研究，利用网络媒介开展心理健康的宣传、调查以及咨询服务等；三是社交网络平台应用研究，选取微信、脸书等平台对社交网络使用者的行为进行分析；四是社交网络的属性、特征及发展变化研究，比如有学者聚焦于社交网络学科属性、社会科学内涵进行了深入研究；五是网络使用与心理健康的关系研究，以社交网络（媒体）使用的负面影响为切入点，研究了社交网络（媒体）对抑郁、网络利他行为、神经质人格等的影响。

从国外研究情况来看，在过去的一段时间内，在线社交网络对人们的交流和互动方式带来了深刻的影响，社交网站等在线交流工具已被青少年广泛接受，并成为主流日常社交工具。然而，不恰当的社交网络使用已日渐演变成一个全球性问题[13]，使用者不能控制自己合理使用社交网络，从而导致负面后果。Tsitsika 等对 6 个欧洲国家的 10 930 名青少年的研究表明，70% 的被调研者青睐于社交网络的运用，40% 的人每天花 2 个小时或更多的时间使用社交网络[14]。有研究者探讨了中国青少年使用社交网站（QQ 空间）与抑郁的关系[15]。相关研究人员研究了新加坡大学生社交网站成瘾的患病率及其与其他行为成瘾和情感障碍的共病情况，认为社交网站成瘾在新加坡大学生中具有较高的患病率，且女性与男性相比在社交网站成瘾和情感障碍方面的共病率更高[16]。Koc 等研究探讨了土耳其大学生对脸书上瘾的情况及其行为和心理健康的预测因素，他认为每周的时间投入、社交动机、严重的抑郁都能积极地预测脸书成瘾[17]。Hormes 等认为 9.7% 的青少年存在社交网络使用障碍问题，并表现出一系列症状，比如情绪调节能力差以及对物质和非物质成瘾都更敏感等[18]。Blachnio 等认为脸书深刻地改变了青少年的交流方式和互动模式，过度使用脸书会对心理健康造成影响，并与抑郁有关[19]。Celik 等认为问题性网络使用与人际认知扭曲呈显著正相关，男性比女性表现出更多的问题性使用互联网的状况，人际认知扭曲和性别都是显著的预测因子[20]。Weidman 和 Baker 等研究了使用社交网络对焦虑、抑郁的影响，认为经常在网上与人交流者的社交焦虑水平与抑郁水平的联系比较密切[21-22]。Galica 等认为使用社交媒体的时间越长，性格焦虑的症状越明显，且与年龄、性别、种族和教育程度有关[23]。Woods 等研究了苏格兰青少年使用社交媒体与抑郁之间的关系，认为总体上晚上使用社交媒体较多的青少年，以及那些在社交媒体上投入较多情感的青少年，睡眠不好，低自尊，抑郁程度高[5]。有研究者也认为以手机为工具的问题性社交网络使用是影响青少年睡眠质量和心理健康的重要因素之一[24]。Lachmann 等则认为问题性社交网络使用与生活满意度和心理健康方面的关系非常显著[25]。Kanyinga 等研究了青少年社交网络使用与心理压力、自杀企图之间的联系，并测试了网络暴力在这些联系中的中介作用[26]。以上可以看出相关研究者以人口学因素为基础，以青少年为研究对象，基于不同地域、不同社交网络站点和差异化的心理维度，研究了青少年群体使用社交网络的状况，以及相应状况下青少年群体的心理健康状况。

然而，梳理相关研究进展，会发现社交网络使用背景下专门针对大学生群体抑郁方面的研究较少，且关于中国大学生使用社交网络的全面情况，如使用的频率、每天使用时长、微信使用情况、QQ 空间使用情况等，以及社交网络成瘾、社交网络暴力、社交网络自我呈现的现状与抑郁、孤独以及领悟社会支持等之间的相关性仍有待深入探讨。国外学者针对脸书的使用与心理健康之间的关系有诸多的研究，中国大学生主要使用微信、QQ 等社交网络平台，这些国内的社交网络平台与大学生抑郁的关系的系统性研究有待加强。同时，微信使用、社交网络使用时间、社交网络成瘾对大学生抑郁现象的重要影响可能与某些中介变量相关，如领悟社会支持、孤独、社交网络暴力等，而针对这些中介变量的中介效应模型的研究不足。

1.2　研究内容

本研究以陕西省大学生为研究对象，开展问卷调查，深入挖掘大学生社交网络使用与抑郁的关联机制：对研究对象的社会人口学特征，陕西省大学生社交网络使用的总体情况，社交网络成瘾、社交网络暴力、社交网络自我呈现的现状和特点，社交网络使用下大学生抑郁的现状等进行描述；分析社交网络成瘾、社交网络暴力、社交网络自我呈现等暴露因素以及领悟社会支持、孤独、社交网络暴力等中介因素与抑郁的相关性；分析大学生社交网络成瘾、社交网络暴力、社交网络自我呈现以及社交网络使用下抑郁、孤独、领悟社会支持的影响因素；对领悟社会支持、孤独、社交网络暴力等中介因素在微信使用、每天使用社交网络时间、社交网络成瘾、社交网络自我呈现等暴露因素和抑郁之间的中介作用进行中介效应检验，并构建中介效应模型；基于中介效应模型中各因素与大学生抑郁之间的关系，提出大学生抑郁干预策略理论模型；根据社交网络使用与抑郁的关联路径及大学生抑郁干预策略理论模型，开展针对大学生抑郁的社交网络使用心理干预研究实验，在此基础上有针对性地提出大学生心理危机干预策略。

1.3 研究意义

本研究聚焦中国大学生社交网络平台使用习惯，系统研究大学生抑郁与社交网络使用的关联性，以弥补符合中国社交网络使用特点的大学生群体抑郁研究的缺憾，通过分析大学生抑郁、社交网络使用、孤独以及领悟社会支持的得分在社会人口学资料组间的差异性，为大学生分类、分层管理提供理论依据。研究通过分析陕西省大学生的抑郁现状及使用社交网络的总体情况，系统研究抑郁与社交网络使用等各因素的关联途径，以弥补导致大学生抑郁的多因素研究的不足，帮助大学生群体更好地认识自我，帮助高校管理者有针对性地采取综合措施，引导大学生正确合理使用微信、QQ 等社交网络平台。笔者通过研究大学生抑郁、社交网络成瘾、社交网络暴力、孤独等的影响因素，引导大学生理性认识和使用社交网络平台、合理规划人际交往方式，培育学生理性平和、乐观向上的健康心态，有助于更好地在大学生群体中开展心理健康教育，帮助大学生平衡好线上社交和线下生活的关系，引导大学生合理开发利用“第二生活空间”，本研究构建以领悟社会支持等为中介变量的中介效应模型，探索各因素在社交网络使用与抑郁间的中介效应，并构建大学生抑郁干预策略理论模型，在此基础上开展大学生抑郁干预实验研究，提出大学生抑郁干预策略，帮助高校及时采取有效措施对大学抑郁进行预防干预，助学生健康成长，保校园稳定平安。

第二章　文献回顾与研究思路

2.1　大学生抑郁研究综述

抑郁会对个体的学习、工作、生活、人际交往等产生较大影响，也会引起个体行为的改变，比如睡眠障碍、攻击他人等，严重者还会产生自杀意念与行为。大学生是抑郁的易感人群之一，抑郁给大学生带来了很大的危害和创伤，因抑郁症而休学或者自杀的大学生也时有出现，他们美丽的青春时代要么因学业中断而变得灰暗，要么因失去宝贵的生命而空留悲伤。

2.1.1　抑郁的概念

"抑郁"一词来自拉丁文 Deprimere，在英文中则是"Depression"，主要用来描述个体的情绪心理状态。古希腊学者希波克拉底，认为抑郁是由于脑功能受到体内过多"忧郁质"的影响而产生的。在中国，早在春秋战国时期就有了对抑郁心情的描述，比如在诗人屈原的《九章》里就有"心郁郁之忧思兮"的描写，后又演变为成语"郁郁寡欢"，形容心情苦闷、忧愁。根据世界卫生组织的相关报告，抑郁症表现为个体对生活失去兴趣，并且长久地处于悲伤之中而不能自拔，同时失去了从事或维持正常社会生产活动的能力，以上情况持续至少两周。根据国际、国内普遍采用的《疾病和有关健康问题的国际统计分类(第10次修订本)》的诊断标准,抑郁症是一种以心境低落为主要特征的综合征,临床上主要表现为情感低落、认知低下、思维迟缓、意志薄弱、言语动作迟缓以及生理功能紊乱等。引起抑郁症的因素包括遗传因素、体质因素、中枢神经介质的功能及代谢异常、精神因素等。素质－压力模型由Monroe等发明,该理论的核心观点是认为素质因素和压力因素二者的相互作用引发了个体抑郁[27]。国内有学者认为抑郁是一种心境、心情低落的现象,伴随着难过、伤心等情绪,且这种境况会持续一段时间。有学者认为抑郁的情绪体验非常独特,这种体验不是单一型的,而是复合型的,它具有迅速蔓延的特点,并且伴随压抑感、悲观感、反应能力减弱等多种症状。从以上分析可知,现代对抑郁内涵的理解有抑郁情绪、抑郁障碍等,依据临床上的划分标准,又可分为三种:①抑郁状态;②神经性抑郁症;③精神性抑郁症。但对绝大多数大学生而言,用抑郁情绪描述定位(情绪低落、负面情感增强)可能会更为精准,可能有极少数达到抑郁障碍(情感障碍性疾病或者精神性疾病)。本研究认为抑郁是指大学生由于体验到一种依靠自身能力无法摆脱的外界压力,比如学习科研压力、生活来源压力、人际交往压力等,而产生的消极情绪情感体验,主要表现为心境低落、自我封闭、悲观沮丧等。

2.1.2　抑郁的测量

由于对抑郁的内涵理解不同,对抑郁的诊断与测量也有不同的方法和不同的量表。1961年,贝克编制了贝克抑郁量表(Beck Depression Inventory,BDI)。该量表可以用于测量受检查者最近1周的抑郁水平,应用广泛[28]。1996年贝克对量表进行了修订使之更加完善。1965年,美国学者编制了宗氏抑郁自评量表(Zung Self-Rating Depression Scale),该量表共20题,使用者可根据过去一周内自身的情况作答,并根据表中分值和作答情况计算总分,将总分扩展1.25倍则为最终得分。最终得分对应四个评判标准:①正常,50分以下;②轻度抑郁,50～59分;③中度抑郁,60～69分;④重度抑郁,70分以上。因该量表设计简单,便于使用,颇受欢迎。当前精神医学界对抑郁患者的抑郁水平评估中,普遍使用宗氏抑郁自评量表[29]。拉德洛夫(Radloff)于1977年通过对大量临床文献及已有量表做因子分析,编制了流调中心用抑郁量表(Center for Epidemiologic Studies Depression Scale,CES-D)[30],该量表包含20个问题,从多个方面反映勾画出抑郁的状态,如抑郁心情、罪恶感和无价值感、精神运动比较迟缓怠慢、食欲不振、求助无望、睡眠障碍。该量表主要用来评估抑郁的情感或心境,尤其用于评价抑郁症状的程度,但一般不在临床诊断中使用。根据研究的实际需求,本研究采用了CES-D量表。

2.1.3 大学生抑郁的研究现状

近年来,学者们开始更加关注、更多地展开针对大学生抑郁的研究,从内容和方向上来看,主要聚焦于大学生抑郁的现状与成因、内外因素对抑郁的作用机理研究、抑制或者消除抑郁的策略等多个方面,并取得了一定的成果。研究认为,大学生抑郁的影响因素较多,比如性别、年龄、生活事件、家族遗传、人格特质、外界环境等。近年来由于网络的不断普及,人们意识到网络环境也逐渐演变为影响个体心境的环境之一,对于喜欢网络生活的大学生而言更是如此。

素质－压力模型阐释了抑郁的形成机理,该机理认为在抑郁形成过程中素质和压力可能存在着三种关系:一是素质和压力二者都是抑郁产生的必要条件;二是素质是抑郁形成的唯一必要条件,压力处于从属地位;三是压力是抑郁形成的唯一必要条件,而素质处于从属地位[27]。Hammen等研究用贝克抑郁量表测量后被诊断为中度抑郁的大学生的抑郁诊断和临床特征,发现虽然对一半学生来说,抑郁在2～3周内是暂时的,但也有许多学生被诊断为重度或轻度抑郁症。从性别的角度,女生相对多愁善感,因此更容易诱发消极情绪[31]。抑郁与人格的关系研究也是研究者比较关注的方向之一。Jacobson等研究比较了抑郁大学生和非抑郁大学生在与同伴谈话时自我表露的时间,发现在没有直接被同伴询问的情况下,抑郁症患者与正常的人群相比,更有可能进行自我表露[32]。有学者认为,人格特质是抑郁发生的基础,在人格类型上偏向于内倾不稳定型的大学生更容易抑郁,产生消极悲观、厌世厌学的情绪。Alhassan 等调查了中东人群中智能手机成瘾和抑郁症患病率的相关因素,发现智能手机成瘾与抑郁症状有显著的线性正相关关系,其中年轻人和文化水平较低者患抑郁症的可能性更大,风险更高[33]。Primack 等认为抑郁、焦虑与增加社交媒体使用的时间有关[34]。有学者认为社交网站使用是抑郁症的一个危险因素,研究发现社交网络成瘾与抑郁症状具有正相关的关系,且反刍是社交网络成瘾与抑郁之间的中介因素之一,在它们之间起着中介作用[35]。一些研究发现,男生和年级较高者对网络的迷恋程度更强,也更容易成瘾,且大学生的抑郁水平会随着网络成瘾程度的增加而不断提升。显然,大学生是否抑郁与大学生是否网络成瘾直接相关。有学者认为大学生微信使用正向影响微信妒忌和抑郁,微信妒忌与抑郁之间呈显著正相关关系。用多元分析法,刘诏君等发现社交网络使用和抑郁之间具有显著的正相关关系,其中社交网络成瘾与抑郁之间的相关程度最强,活跃水平、使用时间与抑郁相关较小,使用强度、使用频率和具体使用行为与抑郁无显著相关[36]。此外,学习环境、就业前景等也是大学生抑郁的影响因素。

2.2 大学生社交网络使用研究综述

2.2.1 社交网络的研究现状

1. 社交网络的概念

随着信息技术的更新换代,以互联网为支撑的新型传播媒介迅速发展起来。当互联网从 Web 1.0 时代进入更加先进的 Web 2.0 时代时,人们的网上活动也从单一的网页浏览,升级成了选择更加多样化、服务更加人性化、登录更加便捷化的网络时空生活。计算机媒介交流(Computer-Mediated Communication,

CMC)的诞生,改变了人们面对面的传统交流方式。

2009 年以来,越来越多的国内外学者开始关注与社交网络相关的研究领域,并呈现快速增长态势。由于社交网络还处于快速升级发展阶段,其定义还没有形成定论。有些学者将其命名为“社交网络站点(Social Network Sites)”,有些学者将其命名为“社交网络软件(Social Network Software)”,多数学者将其命名为“社交网络服务(Social Network Service)”,前两个命名是基于支持架构和技术的层面将其等同于与社交相关的各类网络站点或者软件,而第三者是将社交网络定义为可进行信息交流、信息互动的多媒体服务。中国互联网信息中心将社交网络定义为基于互联网技术且提供网络性社交服务的平台。社交网络是一个可以与外界连接并能促进人们的社会交往的虚拟空间。利用这个空间人们可以进行信息分享、兴趣爱好展示、交友聊天等社交活动。社交网络借助网络这一平台使人们互联互通并凝聚在一起,形成特定的网络性社会群体。社交网络使人们实现了社会关系或人际关系在网络上的虚拟延伸,使时空差异等因素不再成为沟通障碍。结合以上分析回顾,本研究认为社交网络是基于网络的一种服务,人们借助微信、QQ、抖音等社交网络平台突破时间、空间等障碍,进行信息分享、获取以及沟通交流等活动。

2. 社交网络的分类

根据国内外的研究现状,社交网络可以按照三种方式进行分类:①按照公开程度进行分类,社交网络可分为开放型社交网络和封闭型社交网络,或者称为限制型社交网络和非限制型社交网络。如印度学者 Sharma 将其分为允许全部用户公开访问的开放式社交网络和仅在少数群体内部使用的封闭式社交网络[37]。Musial 等也对社交网络进行过限制访问和非限制访问的区分[38]。②按照关系类型进行分类,社交网络可分为商务型和社交型。商务型比如天际网、智联招聘、前程无忧等;社交型比如脸书、微信、QQ 等。③按照通信渠道进行分类,社交网络可分为实时型和非实时型。国内很多学者则基于社交网络用户的不同特征进行分类,将社交网络分为国际型、综合型、专业型和门户型。

3. 社交网络的功能

根据以往研究,社交网络可以按照以下三种方式进行归类:①社交服务功能。社交网络是一种借助互联网来提供信息浏览、分享服务的特殊产品。社交网络自带产品属性或工具属性[39],具有允许用户构建和建立与其他个体连接的功能[40]。②分众和集聚功能。这个功能由社交网络的个体参与和群体互动的特性而产生。社交网络虽然功能丰富,但归根结底仍是个人自媒体的组成,社交网络有“点－线－网”的集聚作用[41],可以集聚兴趣爱好和行为方式相同或相似的人,并最终形成群体,达到分众效应[42]。③平台设计功能。主要包括符号设计和个性化设计两方面。

4. 微信使用的研究现状

微信是由腾讯公司推出的一款社交工具,它具有操作简单、多网并融的特点,再加上其点对点传播交流的即时性和社交性特点,深受大学生的喜爱。特别是近几年在中国大学校园里,使用微信进行信息传递、学习共享、娱乐购物和社交活动已经成为一种常态。但过度使用微信也会影响大学生的学习和生活,甚至会影响他们的身心健康。相关研究者探讨了也门来华留学生微信使用强度和可能的微信成瘾水平,发现性别和受教育程度对参与者的微信使用强度、微信成瘾情况都有显著影响,微信使用强度、微信成瘾和学业成绩之间存在显著的相关性,微信成瘾完全介导了微信使用强度,并对留学生的学业成绩有直接影响[43]。有学者研究中国大学生微信使用和满意度状况与通过微信进行政治参与的关系,发现能通过中国大学生使用微信进行的娱乐和认知需求来预测大学生通过微信进行的政治参与。一部分研究者以微信为重点,探讨了手机社交网络成瘾的形成过程,结果表明成瘾行为是由个人感知到的移动社交网络所带来的好处(即社交和享乐的好处)决定的;反过来,这些好处又受到归属感和习惯的影响，并确定归属感和习惯是远因，而感知到的利益是近因，这丰富了当前环境下的认知行为模型[45]。有人发现习惯、地位和互惠性影响着微信用户的行为、态度等[46]。微信使用可以增强社交技能和幸福感，相关研究者通过对1245名中国大学生进行调查，发现使用微信越多，外控点越高，网络社交能力越强。有的学者发现在微信上建立牢固的联系对参与者的心理幸福感和主观幸福感有正向的影响，与志趣相同的人交流，也能提高参与者心理幸福感和主观幸福感的水平[47]。

2.2.2 基于CiteSpace的“大学生+社交网络”研究热点及前沿趋势的可视化分析

1. 可视化分析方法介绍

(1)研究工具

Web of Science数据库(WOS)是全球最具权威的大型综合性、多学科、核心期刊引文索引数据库，基于该数据库检索可快速获取大量高质量的文献。其中，Web of Science核心合集(WOSCC)包括SCI、SSCI、CPCI、ESCI等，是全球最重要的引文信息源之一。国内文献研究选择用中国知网数据库(CNKI)，该数据库是国内较为权威的综合性、多学科引文索引数据库。CiteSpace是一款免费的可视化分析软件，由美国德雷塞尔大学信息科学与技术学院的陈超美教授发明[7]，该软件在Java环境中，基于交互式可视化工具，并结合文献计量学、数据挖掘算法和信息可视化，可用于识别科学新动态和发展等[8]。

(2)检索策略

检索WOS数据库建库至今与“大学生+社交网络”相关的文献时，检索公式为:“TS = College Students + Social Network”,检索时间段为“All years(1990—2020)”,文献类型为“Article”,发表语言为“English”,共计获得1953篇与大学生社交网络使用相关的文献。用同样的方法检索CNKI建库至今与“大学生 + 社交网络”相关的文献,共计获得531篇与大学生社交网络使用的相关文献。将两次检索到的所有文章分别以txt格式文件下载和存储,包括标题、关键词、作者、摘要、描述符、标识符等。

(3)研究方法

数据的可视化分析与处理分为两个方面。一方面,利用WOS数据库自带的分析功能对大学生社交网络使用相关研究的年度、产出国家或地区、资助机构、研究领域、作者、期刊分布等进行分析。另一方面,将检索结果以纯文本文件导入可视化分析软件CiteSpace 5.6. R3中,识别大学生社交网络研究领域的顶尖国家、机构、作者、期刊、参考文献等;对作者、期刊、参考文献进行共引分析,了解“大学生 + 社交网络”研究领域的研究基础;对关键词进行共现分析,明确“大学生 + 社交网络”研究领域的前沿知识和研究趋势;对关键词进行突发检测分析,探索“大学生 + 社交网络”研究领域的热点;对关键词进行中心性分析,知晓大学生社交网络使用研究领域的转折点或关键点等。

2. 可视化分析的结果介绍

(1)文献时间分布

大学生社交网络研究领域的发文量时间趋势可以反映该研究领域的研究进展及速度。由图2-1可知,1990年至2020年7月WOS共收录1953篇“College Student + Social Network”相关文献,且文献发文量随时间增加呈现持续增长趋势,尚未见转折点。由图2-2可知,2007年至2020年7月CNKI共收录531篇“大学生 + 社交网络”相关文献,发文量随时间增加也呈现持续增长趋势。追踪WOS数据库1990—2020年的相关文献可知,国外社交网络的研究大致经历了三个阶段:缓慢起步阶段(1990—2004年)、稳步上升阶段(2005—

2010 年)、快速发展后出现下降阶段(2011—2020 年)。追踪 CNKI 数据库 2007—2020 年的文献研究可知,国内社交网络的研究的大致也经历了三个阶段:缓慢起步阶段(2007—2009 年)、快速发展阶段(2010—2014 年)、稳步推进且略有下降阶段(2015—2020 年)。

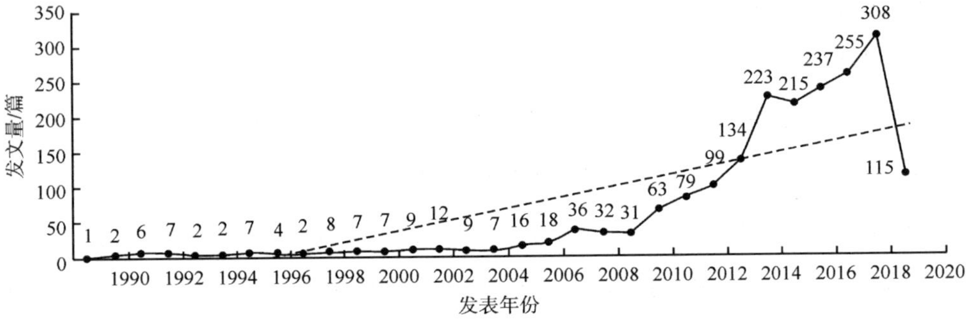

图 2-1　WOS 建库至 2020 年"College Student + Social Network"相关研究发文量趋势图

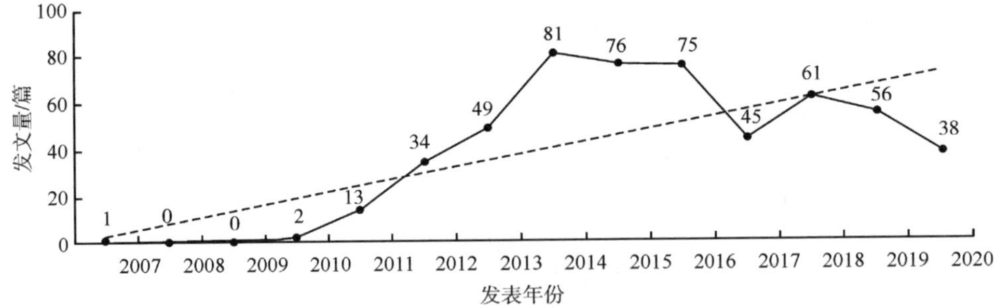

图 2-2　CNKI 建库至 2020 年"大学生 + 社交网络"相关研究发文量趋势图

(2) 文献分布情况

表 2-1　WOS 相关文献分布情况

排名	高产国家	机构	研究领域	高产期刊	高产作者
1	USA (765)	Michigan State University (32)	Education Educational Research (621)	*Computers in Human Behavior* (91)	Veenstra R. (17)
2	China (230)	University North Carolina (31)	Psychology (504)	*Computers Education* (37)	Barnett N. P. (16)
3	Spain (157)	University Groningen (30)	Computer Science (152)	*Plos One* (29)	Dijkstra J. K. (16)
4	England (126)	Pennsylvania State University (28)	Public Environmental Occupational Health (116)	*Cyberpsychology Behavior and Social Networking* (19)	Rienties B. (15)
5	Netherlands (94)	University Utrecht (26)	Communication (110)	*Educational Technology Society* (18)	Meisel M. K. (13)
6	Australia (76)	Arizona State University (24)	Business Economics (103)	*British Journal of Educational Technology* (16)	Farmer T. W. (11)
7	Germany (75)	University Illinois (24)	Information ScienceLibrary Science (97)	*Journal of Youth and Adolescence* (16)	Ott M. Q. (11)
8	Turkey (63)	Brown University (19)	Sociology (91)	*Addictive Behaviors* (15)	Steglich C. (10)
9	South Korea (60)	University Michigan (19)	Social Sciences Other Topics (89)	*International Journal of Environmental Research and Public Health* (15)	Valente T. W. (10)
10	Canada (58)	University Oxford (19)	Engineering (64)	*Internet and Higher Education* (15)	Clark M. A. (9)

由表 2-1 可知，在 WOS 收录的文献中，相关研究主要集中于教育、心理学、计算机科学和公共卫生等领域。目前发文量位居前三的高产国家分别是美国（765 篇）、中国（230 篇）和西班牙（157 篇）；美国的密歇根州立大学则属于居于首位的高产机构，其次是北卡罗来纳大学，再次是荷兰的格罗宁根大学；高产期刊位居前三位的是 *Computers in Human Behavior*、*Computers Education* 和 *Plos One*，发文量分别为 91 篇、37 篇和 29 篇。本研究基于 CNKI 数据库的文献分析发现，当前国内相关研究的分布较分散，国内学者和有关机构有待加强联系和信息沟通，深化相关研究。

（3）研究热点

高被引频次的关键词可以反映社交网络研究领域的研究热点，点度中心可以反映关键词在社交网络研究网络中的关键位置。结果显示（见表 2-2），WOS 收录文献中被引频次最高的 3 个关键词分别为 Social Network（社交网络，461 次）、Facebook（脸书，288 次）和 Student（学生，270 次）；Behavior（行为）、Friendship（友谊）和 Gender（性别）是点度中心度最高的 3 个关键词，分别为 0.14、0.13 和 0.13。由表 2-3 可知 CNKI 收录文献中排名前十的关键词。结果显示，被引频次最高的 3 个关键词分别为大学生（222 次）、社交网络（160 次）和思想政治教育（43 次），这 3 个关键词的点度中心度也是最高的。社交网络研究热点大致可分为 3 个方面：①关于社交网络研究对象的关键词：学生、大学生、青少年等；②关于社交网络研究方向的关键词：脸书、友谊、教育、在线、影响等；③关于社交网络使用的影响因素的关键词：行为、性别、社会支持、认知能力等。

表 2－2　WOS 收录文献中排名前十的关键词（根据被引频次和点度中心度排序）

1. 根据被引频次排列		
排名	关键词	被引频次
1	Social Network	461
2	Facebook	288
3	Student	270
4	Social Network Analysis	214
5	Behavior	198
6	College Student	168
7	Adolescent	162
8	Social Network Site	127
9	Education	117
10	Online	115
2. 根据点度中心度排列		
排名	关键词	点度中心度
1	Behavior	0.14
2	Friendship	0.13
3	Gender	0.13
4	Perception	0.11
5	Social Support	0.11
6	Social Network Analysis	0.10
7	Children	0.08
8	Adolescence	0.08
9	Impact	0.08
10	Adolescent	0.08

表2-3　CNKI收录文献中排名前十的关键词(根据被引频次和点度中心度排序)

1.根据被引频次排列		
排名	关键词	被引频次
1	大学生	222
2	社交网络	160
3	思想政治教育	43
4	网络社交	21
5	社会网络	20
6	社交媒体	16
7	对策	16
8	人际交往	15
9	微信	14
10	移动社交网络	14
2.根据点度中心度排列		
排名	关键词	点度中心度
1	社交网络	0.52
2	大学生	0.47
3	思想政治教育	0.27
4	对策	0.18
5	社会网络	0.16
6	社交媒体	0.12
7	网络社交	0.11
8	人人网	0.11
9	高校	0.11
10	网络	0.10

(4)研究主题

对“大学生+社交网络”研究领域关键词的共现聚类分析,可以揭示本领域的研究主题。采用LLR(对数似然比)算法对关键词进行聚类分析,形成了11

个关键词聚类标签。由图2－3可知WOS核心可视化集群为#0 peer influence（同伴影响），国外“大学生＋社交网络”相关文献的研究主题大致可分为3个方面：①社交网络演变：社交网络分析、社交网络站点、演变等；②心理健康：孤独、自我效能、同伴影响等；③社交网络影响因素：同伴关系、文化互渗、传播扩散等。结合社交网络研究领域来讲，当前的研究主要集中于心理、教育、公共卫生、犯罪、家庭研究等领域，且未来的研究将仍旧主要集中于以上领域。由图2－4可知，CNKI核心可视化集群为#0网络规模迭加法。采用LLR算法对关键词进行聚类分析，形成了8个关键词聚类标签。国内“大学生＋社交网络”相关文献的研究主题大致可总结为3个方面：①大学生社交网络来源：新媒体、社交网站等；②大学生社交网络性质：思想政治教育、社会支持等；③大学生社交网络影响因素：求职满意度、自我呈现等。

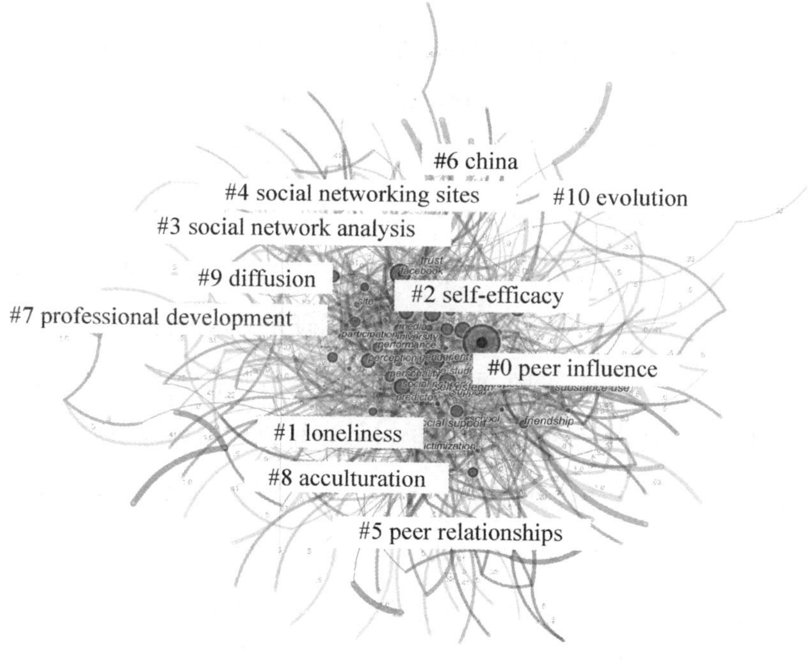

图2－3　WOS建库至2020年“College Students＋Social Network”相关研究关键词聚类分析图谱

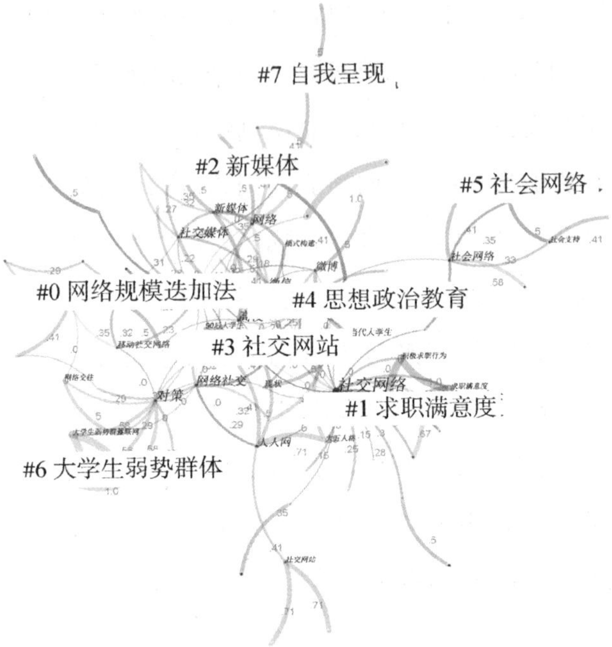

图 2－4　CNKI 建库至 2020 年“大学生＋社交网络”相关研究关键词聚类分析图谱

(5)研究文献共被引分析

共被引分析是指两篇文献同时被第三篇文献引用时,前两篇文献之间则存在共被引关系。通过对“大学生＋社交网络”研究文献进行共被引分析,结合时间制作时间轴(Timeline)视图,可对被引文献进行具体分析。由图 2－5 可知,节点自 2004 年开始逐渐增多,这说明在 2004 年以后国外社交网络研究的文献共被引才开始变得比较频繁,即“大学生＋社交网络”的研究开始进入稳步上升阶段,并快速发展。由图 2－6 可知,国内与大学生研究相关的文献自 2001 年开始增多,2004 年开始社交网络引起学者们关注,而在 2011 年以后,大学生社交网络的研究开始变得比较频繁。

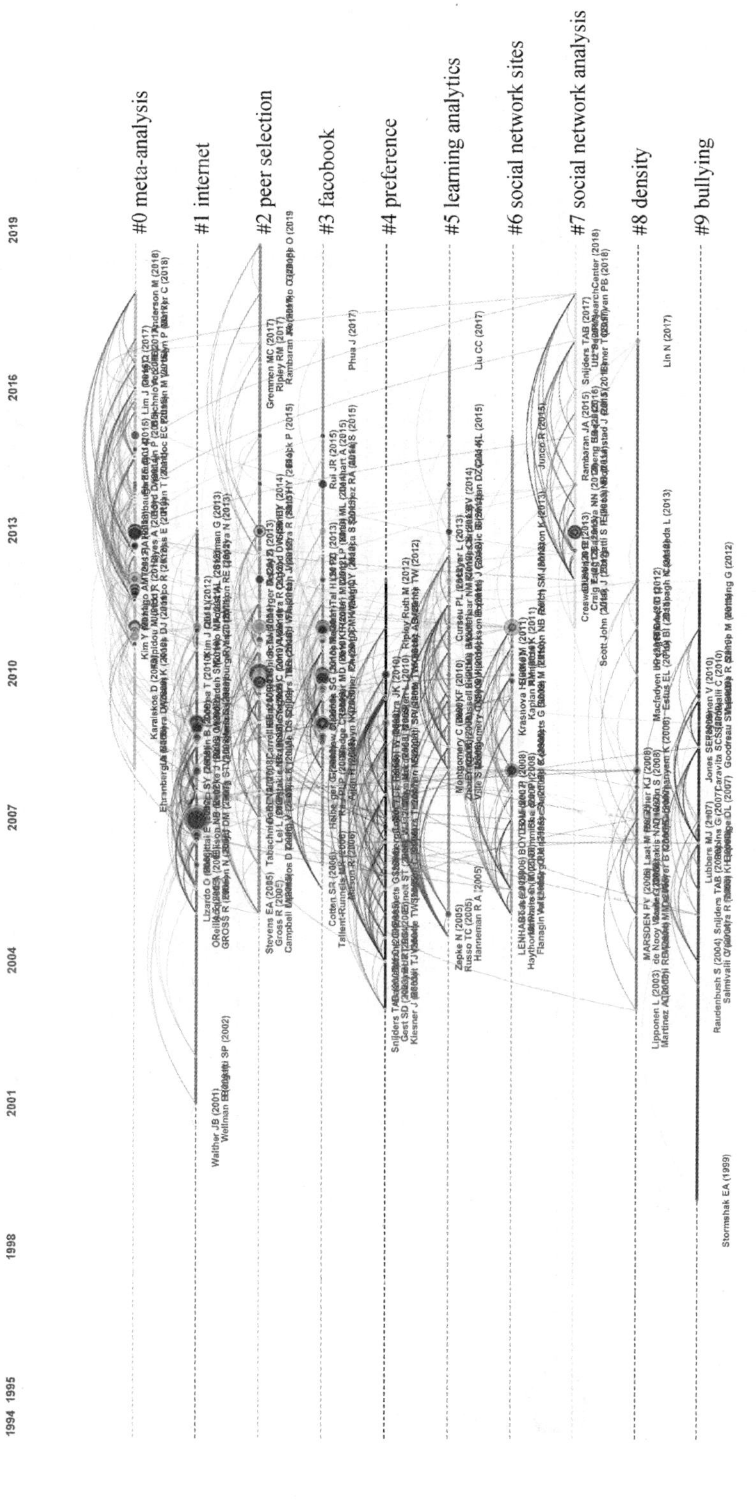

图2-5 WOS建库至2020年“College Students + Social Network”相关研究关键词聚类时间轴

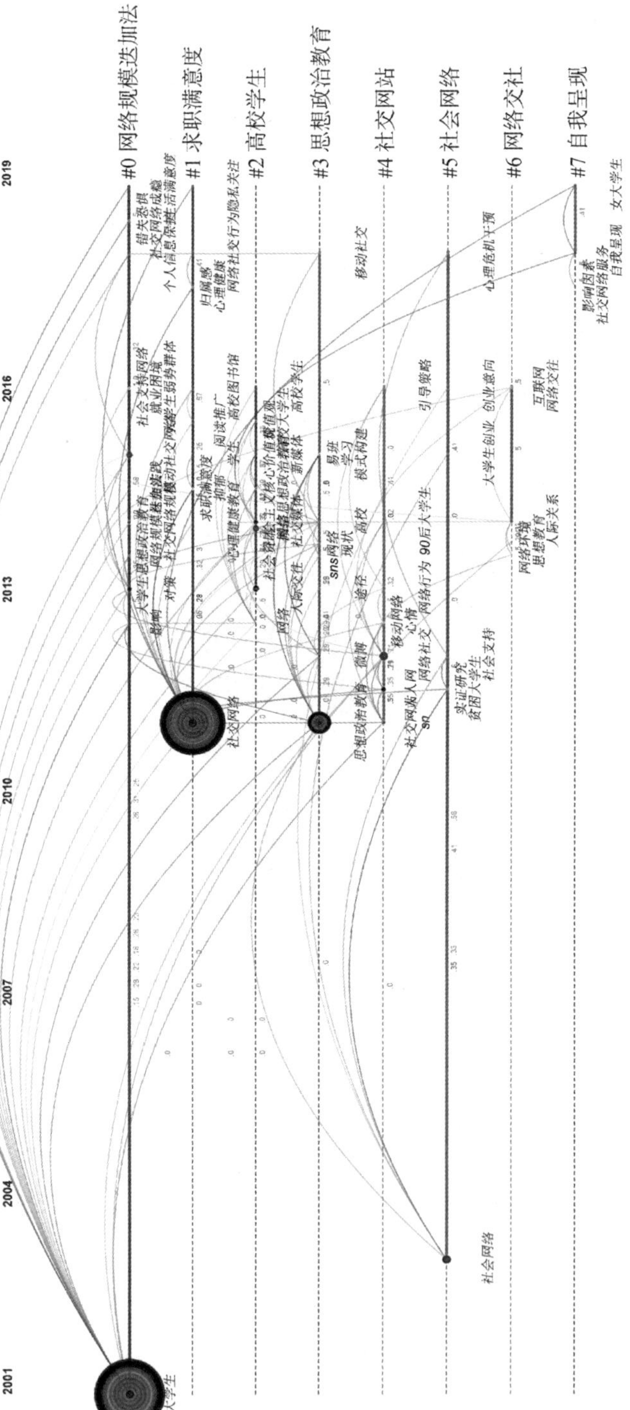

图2-6 CNKI建库至2020年“大学生＋社交网络”相关研究关键词聚类时间轴

(6)研究前沿分析

突现词是在一定时期内被引频次剧增的关键词,可以反映相关研究领域在某一时期的前沿话题。通过对相关研究关键词进行突现词分析可知,近三十年来,突现关键词以"social network(社交网络)"突现强度最高(12.5898),持续时间为1996—2010年,以"behavior(行为/态度)"持续时间最长(1992—2010年),此外,2013年以后未见新的突现词。具体数据见图2-7。近三十年来,"大学生+社交网络"相关研究前沿大致可分3个方面:①社交网络研究对象:学生、社交网络等;②受使用社交网络影响的因素:友谊、健康、行为态度、侵犯等;③影响社交网络使用的因素:性别、社会支持、家庭环境等。本研究基于CNKI数据库的大学生社交网络突现词分析尚未发现可用突现词,国内大学生社交网络研究亟待进一步大量探究。

关键词	突现强度	开始年份	结束年份
student	4.2647	**1992**	2007
behavior	10.2631	**1992**	2010
social network	12.5898	**1996**	2010
family	4.5076	**1996**	2012
social support	5.4793	**1997**	2011
friendship	9.5879	**2002**	2012
health	4.6631	**2003**	2008
gender	3.6576	**2003**	2010
computer-mediated communication	4.383	**2008**	2013
aggression	5.3188	**2009**	2012

图2-7　WOS建库至2020年"College Students + Social Network"相关研究排名前十的突现关键词状况(按突现时间排序)

2.2.3　大学生网络成瘾的研究现状

网络成瘾已然成为社会的热门话题,在百度搜索引擎里键入"网络成瘾",可以得到10 900 000个相关结果,在谷歌搜索引擎里,键入"internet addiction",

可以得到636 000个相关结果,这充分证明"网络成瘾"现象在世界范围内都受到关注,也在一定程度上证明了网络成瘾的危害性。自控能力相对缺乏的大学生,则更容易在网络世界里"畅游"而不能自拔,从而影响学业,严重者可导致诸多复杂心理问题的发生。由于"网络成瘾"在大学生群体中的普遍性,国内外学者对此进行了广泛而深入的研究。

1. 网络成瘾的概念

"网络成瘾"现象与计算机的产生与发展相伴而生。早在1991年,就有人指出长期地、无节制地使用电脑可能造成"电脑成瘾"(Computer Addiction)。随着互联网的发展与普及,人们利用电脑学习、工作、娱乐、交流等的机会逐渐增多,于是出现了过度使用网络的现象,并由此产生了一系列的行为和心理、生理问题。这引起了很多学者的关注,并且由于关注的角度不同而产生了多种不同的称谓,比如网络沉迷、网络成瘾、网络空间成瘾、在线成瘾等。尽管人们没有严格区分这些术语的概念,但是学者们在学术上有不同的认识和理解。截至目前,临床和学术界对网络成瘾尚未形成统一的定义和诊断标准。

学术界认为首先使用"网络成瘾"(Internet Addiction Disorder,IAD)这一术语的是美国临床心理学家戈德伯格(Goldberg)。戈德伯格对"网络成瘾"的解释是上网时间以及上网的频率比自己的预期要多,尽管努力加以控制,但没有成功,强行停止上网行为后就会出现戒断症状,由于使用网络过度,对工作、学习以及社会、家庭等各方面的正常运行和个体的身心健康均造成了负面影响。有学者认为网络成瘾就是"无麻醉作用的冲动控制障碍",即"冲动－控制失序症"(Impulse-control Disorder)。Davis认为,成瘾主要用于摄入某些化学物质或药物的行为比如吸食毒品等,而网络对用户的吸引则有别于对化学物质的依赖。因此,他主张使用"病理性网络使用"(Pathological Internet Use,PIU)这一术语[48]。

近年来，我国学者在这一领域也进行了广泛而深入的研究。我国台湾学者陈淑惠率先设计出了完整的中文版网络成瘾量表（Revised Chen Internet Addiction Scale，CIAS-R）。

截至目前，学术界对于网络成瘾并没有一个统一的称谓，但对于网络成瘾的存在及其造成的危害，大家普遍认同。结合大学生的特点，本研究所指的网络成瘾可概括如下：大学生由于过度使用网络处于沉迷状态，他们无法克服和抵制再次使用网络的欲望，不断增加上网时间，由此对他们的学习生活、生理心理、社会活动等都造成了严重影响。

2. 网络成瘾的测量与诊断

正如前文所述，由于对网络成瘾的定义和理解各有不同，因此统一且权威的网络成瘾测量与诊断标准尚不存在。当前常用的标准有以下几种：一是美国心理协会制定的标准；二是杨（Young）的 8 个诊断标准（网络成瘾诊断问卷，Young Diagnostic Questionnaire，YDQ）；三是戈德伯格的 7 项标准；四是陈淑惠的自评标准；五是崔丽娟设计的 12 个项目量表；六是临床上的鉴定标准。

杨根据《精神障碍诊断与统计手册》（DSM-Ⅳ）中病态赌博的判断标准以及她对网络成瘾的理解，认为网络成瘾是“病态的网络使用”，其本质是“中毒”的冲动——控制障碍，她列出了网络成瘾的 8 个诊断标准，并认为只要符合其中的 5 个，就可以判断为网络成瘾。这 8 个标准包括：①痴迷于网络；②为了获得满足感，觉得有必要延长上网时间；③经常不能控制自己的上网行为，无法停止使用网络；④停止使用网络时感到烦躁；⑤每次上网时间都比原计划多；⑥因为网络，人际关系、工作、教育或职业机会受到了影响；⑦向家人和治疗师隐瞒自己对网络的痴迷程度；⑧利用网络作为逃避问题或释放焦虑的方式。由于本量表项目少，操作方便，目前国内学者大多采用本量表。本研究也采用了此量表对大学生网络成瘾进行测量和诊断。

1999 年,我国台湾省学者陈淑惠教授以大学生为样本,根据 DSM-Ⅳ诊断标准,针对各种成瘾症状,制定了中文版网络成瘾量表。该量表为李克特 4 级自评量表,共 26 个题目,分为 5 个维度:被迫症状(个体有上网欲望和冲动)、戒断症状(如果被迫离开电脑,个体会情绪低落、焦躁不安)、耐受症状(随着网络使用经验的增加,必须通过增加上网时间得到相当程度的满足)、人际关系问题(因为沉溺于网络时间过长而疏远家人和朋友)、时间管理问题(因为沉溺于网络时间过长而导致学业被耽误)。该量表可作为杨的诊断问卷的有效补充,不仅可以进一步验证学生是否有网瘾,还可以判断学生在哪些方面的情况比较严重,有利于进行针对性干预。

3. 大学生网络成瘾的影响因素

大学生是网络使用的主要群体之一,由于大学生身处校园,其上网的便利性和相对无约束性导致很多大学生深陷网络而不能自拔,久而久之趋于网络成瘾,既影响了正常学业和生活,又危害了身心健康。由于网络成瘾在大学生当中的普遍性,其已成为重大公共卫生问题,学者们对其进行了广泛的研究并形成了很多成果,但其仍是一个世界性难题。

Kandell 等早在 1998 年时就发现,校园使用互联网的情况的急剧增加导致一些学生出现病态使用网络的情况或染上网瘾[49]。相关研究者对中国广州 6468 名大学生的调查显示,网络成瘾整体患病率为 26.50%,重度患病率为 0.96%,且男生成瘾比例高于女生,高年级成瘾比例高于低年级;排名前五的在线活动是社交网络(94.73%)、学习(86.53%)、娱乐(82.44%)、网络游戏(73.42%)和网上购物(33.67%)[50]。Ching 对马来西亚的 426 名学生进行了问卷调查,结果显示 36.9% 的大学沉迷于网络[51]。Boonvisudhi 为了解泰国医学生网络成瘾的程度及其与抑郁的关系,对拉马西博迪医学院一到五年级的 705 名医学生开展问卷调查,调查结果表明 24.4% 的被调查者患有网络成瘾,

28.8%的被调查者可能患有抑郁症,网络成瘾组的抑郁发生率是正常上网组的1.58倍,研究认为学术(学业)问题是网络成瘾和抑郁症的重要预测因素[52]。Kuss对3105名荷兰青少年开展了自我报告式的问卷调查,结果显示3.7%的样本被归类为潜在的网络成瘾患者,网络游戏和在线社交网站的使用增加了网络成瘾的风险[53]。陈玉娟等对石家庄市9所大学的5485名大学生进行了调查,调查结果显示网络成瘾率为12.84%,其中男生为18.85%,女生为7.58%,大学生网络成瘾的影响因素主要有性别、家庭情况、生源地、学习压力、受惩罚、抑郁、人际关系等[54]。Enormancm探讨了大学生的不良态度、自尊、人格、抑郁与网络成瘾的关系,发现男性、上网时间、抑郁、完美主义态度是网络成瘾的预测因素。总结国内外学者的相关研究成果,从内因与外因的辩证关系出发,可以将大学生网络成瘾的原因分为内部原因和外部原因两个方面。内部原因包括:①大学生的个性特征;②大学生的心理需求;③大学生的自我认知;④大学生的性别差异;⑤大学生的适应能力。外部原因包括:①家庭的教养方式;②学校的管理模式;③网络技术的快速发展;④社会运行模式的快速变革;⑤人们生活、学习及交流方式的变化[55]。总而言之,大学生网络成瘾不是由单一影响因素决定的,它和大学生的人格因素、认知-行为因素、心理情感因素、性别差异因素等密切相关,同时也受外部条件比如网络空间、社会、学校以及家庭等各种环境因素的影响。因此,大学生网络成瘾是大学生自身因素和外部因素共同作用的结果。

2.2.4　大学生社交网络成瘾的研究现状

1.社交网络成瘾的概念

网络成瘾倾向是由美国精神病学家伊万(Ivan)于1994年首次提出的。它被定义为个人过度使用互联网所造成的心理损害。美国心理学家杨曾将网络成瘾分为网络关系成瘾(过于钟情网络人际关系)、网络色情成瘾(难以控制进入成人网站的欲望)、网络游戏成瘾(迷恋网络游戏而不能自拔)、网络信息下载成瘾(冲动浏览网页和搜索过多的数据或信息)、冲动性上网(过于关注网上购物、交易及赌博)五种类型。不同类型的成瘾者,由于其迷恋的东西不同,所以成瘾的特点、成瘾的概念也各有差异。许多学者均将社交网络成瘾视为网络成瘾的类型之一。社交网络成瘾与网络成瘾一样,在学术界的称谓也存在差异和分歧,没有标准的界定。Laconi 等认为社交网络过度使用只是社交网络使用不当或长时间使用造成的心理与行为不适[56]。Dresner 等认为社交网络的过度使用与网络成瘾的关系密切,可以产生负面心理和生理后果,因此可以使用"社交网络成瘾"来表示这一行为[11]。Kuss 等认为在社交网络使用中出现如下六类现象即可定义为社交网络成瘾倾向:一是凸显性,二是耐受性,三是情绪改变,四是戒断症状,五是出现反复,六是存在冲突[6]。Griffiths 等认为社交网络成瘾是个体因长时间和高强度使用社交网络,导致不可抗拒地延长使用时间,以及由此带来的以心理和生理不适为特征的社会心理现象[57]。有学者认为应根据社交网络的使用情况来界定:如果过度使用社交网络的行为与网络成瘾的行为相类似,可能会造成使用者不良的行为反应和消极的心理体验,如果根据病理性的标准或者成瘾标准来进行区别和界定,则可以称之为"社交网络成瘾"。参考各种文献研究并结合研究对象的实际情况,本研究中使用了"社交网络成瘾"这一术语,既可以让大学生容易理解接受,又与大多数学者保持了一致的称谓。

2. 社交网络成瘾的测量与成因

社交网络成瘾可通过量表形式进行评价,但很多国内外学者仍然采用了"网络成瘾"的测量表,例如国内学者钱铭怡编制的大学生网络依赖量表,陈淑惠编制的 26 题网络成瘾量表,国外学者杨等人编制的 20 题网络成瘾诊断量表等;也有的学者根据不同的社交站点进行量表开发,比如 Koc 等在研究土耳其大学生脸书的使用及成瘾时编制了脸书成瘾量表(Facebook Addiction Scale, FAS)[17];我国学者本土化了脸书成瘾量表,并针对微信、微博和 QQ 等中国人常用的社交网络工具,研发了社交媒体成瘾量表,该量表共有 28 个条目,分 6 个维度:偏好网络社交、情绪改变、消极后果和继续使用、强迫使用、戒断、显著性和复发性[58-59]。Turel 等建立了社交网络成瘾倾向原因的 3 个模型:认知行为模型、社会认知模型、社交能力模型[60]。研究者从神经生理学机制的角度出发,认为网络成瘾倾向跟奖赏系统的神经机制或认知控制的神经机制有关。

3. 大学生社交网络成瘾的相关研究

关于社交网络成瘾的影响因素的研究大多集中在心理健康等方面。Andreassen 等的研究发现,外向型人格的个体和神经质型人格的个体更容易出现脸书成瘾的倾向[61];Valkenburg 等指出高外向型、低尽责型和低自尊型人格的个体易过度依赖社交网络,具有抑郁等人格特点的个体更容易发生成瘾现象[62]。Echeburúa 等认为社交网络是对年轻人影响最大的新技术,但如果过度使用,则有成瘾的风险,并可能会把工作和关系置于危险之中,因此要有节制地使用[63]。Kittinger 等认为大学生使用脸书可能导致与网络成瘾相当的症状[64]。Matsuba 等的研究表明自我认同程度与发展和社交网络成瘾倾向的相关性非常密切,自我认同程度较低的群体社交网络成瘾倾向随着自我认同度得分的降低越来越趋于明显[65]。

来自多个国家的研究表明,青少年沉迷社交网络的比例在 30% 以上[66]。社交网站允许用户以不同的形式与他人交流,例如更新状态、发布消息、发送消息和查看他人上传的信息。研究发现,社交网络的某些使用方式会引起用户的反思,如更新消极状态和被动使用社交网络[16]。社交网络成瘾会破坏大学生的学业成绩、人际关系等,这些不良影响将不可避免地给大学生带来压力[6]。

研究表明社交网络成瘾与大学生的焦虑、抑郁等心理健康指标关系密切,与二者均呈现正相关关系[67]。过度使用手机移动社交网络会导致许多社会适应问题,包括心理健康状况下降、工作表现不佳以及人际关系不佳。与没有社交网络成瘾的个体相比,社交网络成瘾者在人际关系方面更容易出现问题,严重者可能会出现经验社交焦虑和抑郁。社交网络成瘾不仅会危害大学生的身体健康,也会导致大学生学习成绩差、感知压力大和人际关系不和谐等。综合国内外的研究不难发现,社交网络成瘾给大学生造成的危害很多:①影响大学生的学业;②影响大学生的课下活动;③影响大学生的心理健康;④影响大学生的人际关系;⑤影响大学生的睡眠质量;⑥影响大学生的人格养成。Griffiths 等研究发现社交网络使用者的成瘾率为 34%,而大学生是社交网络使用的主力军[68]。如此高的成瘾率以及因成瘾给大学生造成的危害促使国内外很多学者在社交网络使用和社交网络成瘾方面开展了大量研究与探索。

2.2.5 大学生社交网络自我呈现的研究现状

科学造就未来,技术改变人生。科学技术的进步不断推进人类社会的发展,网络化、信息化、数字化改变了人们传统的沟通交流方式和自我呈现形式,面对面或者即时实时才能完成的沟通交流壁垒逐步被以新媒体为代表的新兴技术打破,人与人之间的互动不再受限于时间地点、交流方式等多种客观因素。从最开始的电子邮箱、网络论坛到 QQ、微信,再到快手、抖音,人们通过互联网进行交流互动的路径越来越多,但不同的路径、不同的媒介会对自我表达、自我呈现的内容、形式和目标产生不同的效果。比如有些现实生活中不愿意表露自我的人们会通过脸书、微信、抖音、快手等以视频、录音或者图片的方式呈现自我,再比如有些平时有语言表达障碍、害羞或者具有内向型人格的个体可能会借助社交网络来表达自我。社交网络拓宽了人们展现自我的舞台,也融入了现代人的生活。合理适当的自我呈现、自我展示不但有利于大学生的自我表达，也有利于大学生的心理健康发展。

1. 自我呈现的概念

加拿大社会学家戈夫曼(Goffman)最早真正地提出了“自我呈现”概念，他在《日常生活中的自我呈现》一书中基于社会符号互动理论，认为个体可以有意识地通过某些行为来调节他人对自己的印象。自我呈现除了在社会学领域的研究有所突破外，20世纪70年代，Jones等将自我呈现的概念引入心理学领域，认为“感知即现实”的原则是自我呈现理论的基石[69]。

Baumeister将自我呈现的概念延伸到试图控制他人对自己的印象，将自我呈现定义为个体选择对自己有益的形式来表达自己，从而在他人心中树立自己的形象，并且在人际交往中特意表现的一种行为[70]。他最早提出“印象管理”的概念，认为个体通过控制社会互动中的信息，试图影响他人对某人、某事、某物的感知。自此学术界有了两种看法，一是有学者认为自我呈现就是印象管理，并将两者视为一体，比如有国外学者提出在经典印象管理理论中，有五种主要的自我呈现技术，分别是自我表露、调整行为、外表管理、变换角色和讨好，在这里就没有区分印象管理与自我呈现的不同；有学者认为印象管理与自我呈现之间存在着一定的区别，认为印象管理的范围大于自我呈现的范围，相比于自我呈现，印象管理策略性、目的性更强，前者趋于控制印象，后者趋于构建身份。Ebert等认为自我呈现中的印象管理可以被看作一种有意识的、无意识的甚至潜意识的机制，个体(或群体)通过调节、过滤或以其他方式控制在社会交往中或通过社会交往出现的信息，有意影响他人对自己的看法[71]。在前人研究的基础上，本研究基于社交网络，认为自我呈现是个体通过更新状态、分享评论、信息发布等方式，通过改变他人对自己的印象，来建立、维护或者改变自己在他人心目中的形象。

2. 自我呈现的测量

基于不同的概念框架、理论基础和学科差异，学者们就自我呈现的测量提出了多种测量方法。目前经常使用的有以下三种：一是问卷调查法。在研究脸书用户在脸书上的自我呈现对主观幸福感的影响时，Kim 等编制了自我呈现策略问卷，积极的自我呈现通过一个新创建的包含 6 个项目的指标来衡量，旨在评估参与者在脸书上选择性地展示自己积极一面的程度。诚实的自我呈现通过一个新创建的包含 4 个项目的指标来衡量，旨在评估参与者通过脸书诚实地分享他们的想法、感受和生活事件的程度[72]。二是访谈法。比如 Strano 等采取探索性的结构性访谈和线上定量调查相结合的方法，探讨了脸书用户的身份管理方式[73]。三是内容分析法。这是一种更加便捷、非主观地用定量来描述研究内容的方法，该方法比较适合分析社交网络中的视觉信息及文本信息。比如 Pfeil 等在研究聚友（MySpace）上青少年与老年人在社交网站上自我呈现的差异时，就使用本地开发的网络爬虫从聚友的用户资料页面上收集数据，并量化存在于老年人和青少年朋友网络中的任何差异[74]。本研究利用问卷调查法，采用了由王笑天编制的自我呈现倾向量表。

3. 大学生社交网络自我呈现的相关研究

恰当的自我呈现不仅对维护良好的人际关系、增进友善的人际互动具有积极的作用，而且对个体的身心健康也有着重要的影响。特别是随着社会信息化步伐的加快，网络社交已经成为人际交往中不可或缺的方式，关于社交网络中自我呈现的探讨与研究已成为心理学、社会学、医学等众多学科的热点之一。很多学者研究了不同群体、不同文化、不同行为、不同平台下的自我呈现差异，比如 Pfeil 等研究了聚友使用者的年龄差异和相似性，发现与老年人相比，青少年的朋友圈更大，青少年更倾向于在聚友中使用不同的形式（如视频、音乐）进行自我呈现，在描述自己时也更多地使用自我参照和负面情绪[74]。Haferkamp

探讨了自我呈现的性别差异，女性更倾向于使用社交网络来比较自己和他人、搜索信息，男性更有可能通过查看别人的资料来寻找朋友。此外，女性倾向于使用群组名来进行自我展示，她们更喜欢在个人资料中添加肖像照片，而更多的男性则偏向选择全身照[75]。更多的学者则聚焦于心理学研究，比如 Kim 等研究了大学生在脸书上的积极自我呈现策略、诚实自我呈现策略与主观幸福感的关系，发现前者对主观幸福感有直接影响，后者可以通过领悟社会支持对主观幸福感有显著的间接影响，两种方式都可能使用户的主观幸福感增强[72]。有学者发现领悟社会支持和反刍介导了社交网络的真实自我呈现与抑郁之间的联系[76]。杨秀娟探讨了社交网站积极自我呈现和青少年抑郁的关系，发现积极自我呈现与青少年抑郁呈显著负相关[77]。Jackson 等发现高度的害羞与自我呈现的保护性风格相关(人际交往能力的感知缺陷，被拒绝的预期升高)，自我呈现方式和社会支持的减少预示着孤独感的增加[78]。

2.2.6 大学生社交网络暴力的研究现状

互联网络为人们开辟了新空间和新视角，促进了人们的互动交流和联系沟通，但网络的隐蔽性和匿名性又使其有时会成为一个充满敌意、孕育暴力的场所。于是，现实生活中存在的暴力现象逐渐延伸到了网络空间。尤其对正处于青春时期的大学生来说，他们年轻气盛，善于尝试新奇事物，他们更愿意也更容易在网络上冒险。美国疾病防治中心对全国中学生进行的调查显示 14.8% 的学生曾经在邮件、聊天室等网络交往形式中遭受暴力侵扰；Wolke 等调查了 2745 名来自英国中学的学生，有 29% 的被调查者经历过网络暴力[79]；国内学者在安徽省针对 5726 名大学生开展的调查显示，有高达 46.8% 的学生报告遭受过网络暴力。长期遭受网络暴力会给大学生的身心健康带来严重危害。

1. 网络暴力的概念

网络暴力(Cyber Bullying)，又称为网络欺凌(从查阅文献来看，国内外绝大多数学者赞同二者相同的观点,本研究也继续延续这一观点),最早由加拿大青少年网络欺凌研究专家贝尔西(Belsey)于1999年提出,他在自己创建的研究网络欺凌的专题网站中把“网络暴力”描述为个体或群体使用网站、聊天室、即时消息、在线日志、电子邮件、博客或手机短信等信息传播技术有意、重复地实施旨在伤害他人的恶意行为。美国卫生与公众服务部认为被认定为遭受欺凌或者暴力要满足四个条件:①受害方遭受到来自同伴的侵犯;②加害者与受害者之间存在生理体质或心理素质上的不平衡,前者强后者弱;③这种侵犯行为反复发生或者有可能反复发生;④受害者、施害者和暴力过程目击者都可能因此面临严重且持久的健康问题。Smith等将网络暴力定义为一种攻击性和蓄意的行为,随着时间的推移,这种行为经常被重复,由一个团体或个体使用电子设备实施,目标是那些不能轻易保护自己的受害者[80]。Hinduja等认为网络暴力是个体或团体使用互联网或者手机对无法轻易保护自己的受害者进行的重复性和故意的行为,这种行为的目的是威胁、为难或恐吓受害者,使其无法轻易为自己辩护[81]。《辞海》(第7版)里对暴力的解释是“侵犯他人人身、财产等权利的强暴行为”。这与美国卫生与公众服务部认定的条件之一相同,必须要有“侵犯的行为”,国内外在这一点的理解上基本相同。本研究中的网络暴力主要是针对受害者而言,结合以往学者的研究成果,网络暴力是指个体在网络上遭受隐私暴露、辱骂取笑、欺诈欺骗、人肉搜索、色情威胁、道德审判等威胁或者侵犯,从而对个体的学习工作、日常生活、身心健康等产生直接或间接影响的行为。

2. 网络暴力的测量

目前,国内外学者对网络暴力没有统一的定义。因此,网络暴力没有统一的测量标准。网络暴力在国外的研究起步早,测量研究也相对比较成熟。加拿大学者Beran针对中学生编制了网络暴力测量量表,该量表包括15个项目,兼顾了网络暴力的实施者和受害者,选项采用“是”或“否”的回答方式[82]。Calvete等编制了网络暴力问卷(Cyber Bullying Questionnaire,CBQ),CBQ量表是第一批被开发用来测量与网络暴力相关的广泛行为的工具之一[83]。CBQ 量表由 16 个条目组成，描述了 16 种形式的网络暴力，如向某人发送威胁或恐吓消息、冒充某人（黑客攻击）、用手机记录攻击行为等，回答范围为 0（从不）、1（有时）和 2（经常），具有良好的心理测量特性。Cretin 等编制了“网络受害与网络欺凌量表”（Cyber Victim And Bullying Scale，CVABS），该量表有 22 个项目，包含 3 个维度，分别是网络语言欺凌、身份隐藏和网络伪造[84]。Wolke 等针对网络暴力的受害者编制了相关测量量表，该量表包含 4 个项目，有 4 个选项：从不，偶尔（1～3 次），经常（4 次以上），频繁（每周至少一次）。其中前两项归为没有经受网络暴力，后两项归为网络暴力的受害者[79]。目前没有针对网络暴力的统一的测量量表，很多学者根据研究目标并参考已有的研究成果自编测量量表。本研究采用了香港中文大学编制的网络暴力受害者测量量表。

3. 大学生社交网络暴力的相关研究

网络暴力是现实生活中的暴力现象、暴力行为在互联网上的延续。网络暴力实际上和现实中的暴力一样，会给受害者带来很大的危害。在校大学生正处于人生的关键转型期，任何外界的不良刺激都可能对其心灵造成冲击，从而不利于他们的健康成长。研究证明，网络暴力会对大学生群体造成较大危害，会影响其身心健康，影响睡眠和社交，如果不加以干预，时间长了可能会造成焦虑和抑郁情绪，甚至导致自杀的想法和行动。Calvete 等发现网络暴力存在性别差异，男生使用网络暴力的程度大于女生，网络暴力与主动性使用攻击、暴露性暴力、所谓的正当性暴力、社会支持缺乏等显著相关[83]。Wolke 等发现那些被多种方式欺负的人（多受害者）在行为上的困难最大、自尊最低[79]。Salazar 认为青少年通过社交网站和移动设备使用互联网的频率越高，他们经历网络暴力的可能性就越大，风险也越大[85]。网络暴力受害还是节食行为、网络暴力实施、个体形象满意度和生活满意度的预测因子。Manuel 等研究了青少年网络暴力与抑郁、问题性使用网络之间的时间和交互关系[86]。在时间间隔为 6 个月的情况下,845 名青少年分别在 T1 和 T2 两个时间段完成测量。结果发现,T1 时抑郁水平越高,T2 时受到的网络欺凌就越多,T1 时的网络暴力受害可以预测 T2 时的抑郁症状和问题性使用网络状况。Selkie 等探讨了网络暴力参与与女大学生抑郁的关系,发现 27% 被调查者在大学期间经历过网络暴力,网络暴力实施者/受害者患抑郁症的几率更高,那些在网上或通过短信遭受过莫名的性侵犯者患抑郁症的概率最高[87]。有学者在研究中也发现网络暴力受害对抑郁和焦虑有直接的影响,且绝望在其中起中介作用,被自我同情所调节[88]。在同伴侵犯的范畴里,Hinduja 等研究了青少年自杀意念与网络暴力之间的关系,研究认为凡是曾经遭受过网络欺凌的青少年,不管他是实施者还是受害者,都会有自杀的想法,而且与那些没有遭受过自己的同伴攻击的青少年相比,更有可能实施自杀[89]。Bauman 等研究了青少年抑郁、自杀行为、暴力和受害经历之间的关系,发现抑郁在网络暴力受害和自杀企图之间起着中介作用,且对于女生来说抑郁调节了网络暴力受害和自杀企图之间的联系[90]。

2.3 大学生孤独、领悟社会支持研究综述

2.3.1 大学生孤独的研究回顾

孤独是大学生群体中较为常见的一种不良情绪和心理障碍,特别是随着社交网络的普及,更使得大学生面临着“群居孤独”的尴尬境地。英国国家统计局在 2016 年至 2017 年开展了社区生活调查,结果显示相比年龄较大者,16 到 24 岁的青年人更容易产生孤独感。在国内,《中国心理卫生杂志》开展了一项关于大学生孤独感的专题调查,报告显示 13.6% 的被调查者不能很好地处理与舍友的人际关系,高达 25.4% 的学生时常产生孤独感,40.5% 的学生在与同学相处

时体验不到亲切感。在某种程度上,孤独已经演变为危害大学生心理健康的一个重要因素。20 世纪 70 年代,国外就已经针对孤独展开研究。1979 年,第一次关于孤独的国际研讨会在美国召开,引起世界上更多学者对孤独的关注与研究。孤独感是衡量个体心理健康的一个重要指标。由孤独感产生的负面效应,会给个体带来严重的影响和困扰,降低个体的生活质量,抑制个体的主观幸福感。

1. 孤独的概念

当今社会信息化程度日益提高,万物互联的环境不但没有消减人们的孤独感,反而让人在喧闹的网络世界里感到更加孤独。孤独并不是当今社会独有,早在 1943 年就有人从医学的角度对孤独的概念给予界定,认为孤独是指个体在人际交往和沟通中所表现出的质的异常,其外在病症的表现为个体社会交往技能下降、语言表达缓慢、认知技能发展迟滞。Sermat 认为,孤独感是一种不舒适的个体体验,即个体在与人交往过程中所期望达到的人际关系,和现实生活中实际感受到的人际关系之间存在一定的差距,由于这种差距而产生不愉快体验[91]。Weiss 认为孤独既可以因情感孤立而产生,也可以因社会孤立而引起,或是因社区缺失而导致,与寂寞、抑郁、无聊以及依恋系统、社会关系等有关[92]。Hawkley 等认为孤独感是指个体社会需求未得到满足而产生的负向情绪状态,是影响个体身心健康的重要危险因子[93]。在国内也有很多学者对孤独进行了描述和定义,但其核心要义大都基本一致,即当个体对社交充满了期望与憧憬,但现实与期望又有一定的差距,没有得到让自己满意的人际关系,由此产生一种主观上的、令人不悦的心理感受或情绪体验。

2. 孤独的测量

随着学者们在孤独方面的理论研究不断深入,实践材料不断增多。孤独感一维结构最早由 Russell 等提出,一维孤独感量表也由此而编制[94]。1980 年,

Russell 等在一维孤独量表的基础上又编制出第 2 版加州大学洛杉矶分校孤独量表(Univesity of California at Los Angels Loneliness Scale, UCLALS),该量表采用 Likert 4 级计分,共 18 个条目,得分越高则孤独感越强。UCLALS 覆盖适用人群范围广,信效度较高,国内外研究者对此量表使用较多。1987 年,UCLALS 被 Hays 等进一步简化,形成了更为简便的 ULS-8 孤独量表[95]。ULS-8 孤独量表共由 8 个条目组成,且 8 个条目均没有出现"孤独"一词,这有利于减少回答的导向性。本研究使用了 ULS-8 孤独量表。

3. 大学生孤独的研究现状

孤独普遍存在于人类世界中。孤独不因人的富有而消失,也不因人的贫穷而存在。孤独与心境相通,因情绪而生。自孤独感的概念被相关学者提出以来,国内外学者从来没有停止过对它的研究和关注。有的聚焦于概念描述,有的关注于现状分布,有的注重于危害影响,有的独钟于因素分析。Henninger 等认为孤独是大学校园里普遍存在的问题,并探讨了社会支持感、室友身份、性别等因素对自我孤独感的影响,发现获得家庭支持较多的学生会比获得家庭支持较少的学生更加孤独;来自朋友和重要他人的社会支持较多的学生比来自朋友和重要他人的支持较少的学生更不孤独;男生比女生更孤独;没有室友的学生比有室友的学生更孤独[96]。在大学生网络暴力与孤独的关系研究中,Varghese 发现网络暴力受害者(与非受害者相比)有更高的抑郁、孤独比例[97]。有研究发现大学生的孤独感与抑郁、绝望、偏执、疏远、攻击性和潜在自杀呈正相关。Hoglund 研究了大学生的孤独感与非理性信念之间的关系,发现孤独与自我期望、挫折反应、焦虑、回避问题和无助感等显著正相关,其中男性的相关性大于女性,依赖、焦虑和沮丧反应是孤独的预测因子[98]。Whirter 以大学生为样本探讨了孤独类型与自尊、性别之间的关系,发现整体孤独感、亲密孤独感和社交孤独感三种孤独感均能被自尊和性别显著地预测[99]。蒋艳菊认为大学生的孤独感与自我认同的发展有关,且大学生的孤独不一定是一种令人厌恶的体验[100]。

有学者探讨了大学生社交孤立和抑郁症状之间的关系,以及大学生群体的孤独感和抑郁症状之间的关系,发现女生的社交孤立或孤独均可以显著预测抑郁症,而男生只有社交孤独可以显著预测抑郁症状[101]。Bek 评估了孤独感对大学生学业和成功的影响,发现孤立感和对未来缺乏渴望,可能会通过某种比较复杂的方式影响大学生的学习成绩[102]。Aytaç 发现大学生对网络的依赖性会显著地正向影响他们的孤独感[103]。Özdemir 等发现孤独感与网络成瘾的自我控制能力低有关[104]。Tabak 等评估了网瘾、孤独(社交和情感)与青少年生活质量低下之间的关系,发现青少年使用网络过度会间接地降低他们的生活质量,造成他们的情感孤独,且网络成瘾是青少年孤独感的预测因子之一[105]。Effect 等发现大学生孤独感在社会支持与网络成瘾倾向之间起着完全中介作用[106]。在孤独和抑郁的相关性研究中,有学者发现男性大学生孤独感主要与抑郁的心情、失败感、不满、易激动、社会退缩和体重下降呈正相关;女性大学生的孤独感主要与个人抑郁的心情、自我厌恶感、挫败感等呈正相关。研究还发现,社会孤独感容易导致对他人信息的不信任认知。孤独感越强烈的个体,越是对他人不信任,从而使自我的幸福感降低。还有学者发现,大学生使用社交网络的时间越长,他们所产生的群居性孤独感可能会越严重,由此导致的社交孤独症就会越明显。在对大学生网络成瘾组和非网络成瘾组的对比调查研究中,结果显示前者的孤独感显著高于后者,大学生孤独感还与大学生的日常网络使用情况密切相关。大学生的上网时间、个体的抑郁症状、个体的孤独感等均能够预测网络成瘾。综合国内外研究的现状可知:①孤独的性别差异明显,男性大学生比女性大学生更具孤独感;②孤独与使用网络时间、网络成瘾、抑郁症状等正相关;③孤独感会影响学习成绩;④孤独感会降低学生的幸福指数。

2.3.2 大学生领悟社会支持的研究回顾

人类是群居动物,每个人都不能脱离社会独自存在,精诚团结、相互帮助是人类发展的基础,个人的生存、发展也是如此,离不开他人的支持和帮助。但支持的方式有很多,学者们把人们获得的社会各方面(比如单位的、家庭的、亲戚朋友的、同事同伴的等)的无论是物质层面的还是精神层面的支持和帮助统统归为社会支持。社会支持已经超越了单向的情感、物质或精神的输出范畴。在很多情况下,社会支持应该是人与人之间的一种交流和互动的方式。在个体心理压力与个体健康的关系中,社会支持属于中介因素。大学阶段是大学生的特殊时期,也是他们进步发展的关键阶段,社会支持对他们的学业提升、事业规划以及身心健康都有着极大的促进作用。大学生理解和捕获社会支持的能力对于他们的成长至关重要。如果一个大学生在面临困难或困境时,能够意识到自己拥有众多社会支持,能够切身体会到被支持和鼓励的感觉,能够感受到应有的理解和尊重,那么就会积极思考、勇于面对,努力克服因学业、人际关系、情感、就业、家庭变故等带来的冲击和苦恼,保持良好心态,健康成长。

1. 社会支持的概念

社会支持(Social Support,SS)在医学、心理学等多个学科中都有体现。学者们从各个学科的各个角度对其进行了研究和解读。从精神病学的角度,社会支持被看作一种来自社会网络的支持资源,可以帮助个体应对工作或生活中的问题和危机。从社会学的角度,Sarason 等认为社会支持是一种可以增进帮扶和支持事物的一种行为或一个过程,是个体对社会需求的反应,是一种在社会大环境中能够促使个体发展的因素和力量[107]。从心理学的角度,李强认为,社会支持是个体借助社会联系得到的能够缓解紧张的精神状态,能够减轻心理压力,能够增进适应社会能力的影响[108]。社会支持又可以细分为客观社会支持

（Received Social Support，RSS）和领悟社会支持（Perceived Social Support，PSS）。领悟社会支持是个体综合素质的一种体现，也是增强自我能力的一种方法和途径，其与大学生的自信心培育、受挫能力的提升等息息相关。

2. 社会支持的测量

学者们针对社会支持量表的编制开展了大量卓有成效的研究。由于研究对象和描述角度不同，学者们编制的社会支持量表的结构、功能、内容等也不完全相同。Zimet 等编制的领悟社会支持量表（Perceived Social Support Scale，PSSS）主要侧重于个体的自我理解和自我感受，该量表可分为三部分：一是家庭支持，二是朋友支持，三是其他人支持[109]。以上三者的得分之和说明了个体的领悟社会支持程度。1999 年，我国学者姜乾金等修订了上述的领悟社会支持量表。修订后，该量表最终只保留 12 个条目，得分反映了个体社会支持的获得程度。为了更加适应大学生群体，严标宾等又对姜乾金修订后的量表进行了再次修订[110]。为了开发针对儿童和青少年的社会支持量表，Malecki 等在学生社会支持量表（Student Social Support Scale，SSSS）的基础上编制了儿童及青少年社会支持量表（Child and Adolescent Social Support Scale，CASSS）[111]。该量表又分为 5 个子量表，分别用于测量从父母、同学、老师、好友及学校等五个方面个体获取的领悟社会支持水平，且 5 个子量表都可以单独使用。Vaux 等人编制的社会支持量表适应范围广，主要用来评价个体感受到的家人、朋友等提供的支持，比如被信任、被尊重、被关心、被亲近等[112]。1994 年，我国学者肖水源[113]编制了社会支持评定量表并被广泛应用。但该量表并不是专门用于领悟社会支持的测量的，量表包含了三个维度：客观支持、主观支持和社会支持。

3. 大学生领悟社会支持的研究现状

19 世纪的法国社会学家迪尔凯姆（Durkheim）最早开始社会支持的相关研究。他发现，社会联系的密切程度与自杀相关，而他所指的社会联系就是社会支持。20世纪60年代,社会支持的研究被正式开启,那时人们开始探究生活压力之下的人们身心健康的变化。20世纪70年代,相关研究者从医学的角度首次将社会支持作为精神病学的学术概念提出。20世纪八九十年代,护理系统和社区服务系统均得到快速发展,社会支持的理论与模式研究逐渐成为热点,学者们从心理、社会、医学、公共卫生、教育等多个方面进行了深入研究。有学者研究了社会支持的功能类别,依据社会支持所提供的资源的性质,将社会支持划分成四类:情感支持、友谊支持、信息支持和感知支持。有学者研究了社会支持与健康的联系,并提出缓冲假说和直接效应假说两种模型。

社会支持与心理二者之间的关系被更多的学者研究。Tajalli等证实了社会支持与大学生心理健康之间具有显著的相关关系[114]。Effect等发现大学生的网络成瘾倾向与大学生所获得的社会支持总分显著负相关[106]。Lin等也认为离线社会支持可以负向预测网络成瘾的严重程度[115]。Park探讨了压力、社会支持和冲动对青少年网络成瘾的影响,发现获得的社会支持度低、各种压力大、容易冲动的青少年网络成瘾的比率较高[116]。Haekyung等也认为青少年的网络成瘾趋势与青少年获取的社会支持水平呈负相关,且社会支持是预测青少年网络成瘾倾向的重要因素之一[117]。有学者研究了社会支持和抑郁之间的关系,发现抑郁和领悟社会支持之间有显著的相关关系[118]。从性别、年龄的角度,有学者发现男性大学生社会支持的获得感要低于女性大学生,在22岁和21岁的学生中,社会孤独感得分最高,社会支持感和心理健康感得分最低。研究还发现失眠与社会支持和抑郁水平显著相关,社会支持可以调节失眠对抑郁的影响。领悟社会支持可以预测和降低个体的网络成瘾程度,可以降低焦虑水平,可以减少孤独感,可以减轻抑郁症状,可以消除自杀意念,可以增强个体的自尊,可以增加个体的学习动力等。

2.4 理论研究综述

互联网是现实社会的延伸并依存于现实社会,“延伸”表明人们可以在网络世界中去实现和完成对现实社会的升级和重构,“依存”则是指人们在网络世界中的行为和实践成果还必须接受现实社会的再检验。按照生产力发展的理论,互联网应该是人类技术升级改造的结果,是生产力发展到一定程度的产物,它是人们生产、生活、工作的工具,按照工具的属性,它应该满足人们的生产、生活需求,提升人们的生产、生活质量,促进人们的身心健康。从社会和工具两个角度进行审视,人们无论是在互联网世界里进行社会实践还是以工具的形式借助它开展活动,都必然存在着人们与环境以及和事物之间的互动,但这种相互作用也必然要借助网络而完成,必然也存在着各种主观行为和活动表现,这就对人们的心理过程产生了影响。人的心理过程按照特性和功能可以分为三个过程:一是认识过程,就是人们会对各种来自外界的信息主动理解、加工;二是情绪情感过程,是人们因为需要能否得到满足而产生的一种态度体验;三是意识过程,就是人们会有目的地去认识各种事物和改造周边世界。互联网使用不但对人的认知思维、意志品质、情绪情感、行动行为、人格特质、一般能力、记忆能力、学习能力、社会适应性等心理特征有重要影响,而且从理论层面到实践层面都在重新打造着心理学的新体系,重新勾勒心理学的概念,重新塑造心理学的规律,有学者将此称之为“互联网心理学”,即与网络技术有关的心理活动、动机、意图、行为结果,以及它们对人们线上和线下生活的影响等。本研究认为这是心理学、统计学、媒体学、公共卫生学、社会学等多学科的相互交叉,很多学者从这一视角结合相关理论分析了互联网对人们心理过程的影响。

2.4.1 与社交网络使用相关的心理学理论

1. 使用与满足理论

美国学者 E. 卡茨(E. Katz)首先提出了这一理论,他将媒介接触视为一个社会因素与心理因素、媒介期待、媒介接触、满足需求的因果链过程,这个理论将受众看作具有特定要求的个体,他们对媒介接触有特别的要求和目的[119]。有学者认为这一理论可以解释人们的线上行为,人们为了满足自己的需要,就去使用社交网络,这是以目的需求为导向的。个体带着自己特定的目的选择使用社交网络,并尝试通过网络实现这个目的。例如,具有社交恐惧的人其基本心理需求是感受到与他人的链接,他们回避线下社交,因此可能会通过在社交网络上寻找互动来满足归属感的需求。

2. 富者更富理论

富者更富是网络研究中提出的一种理论模型,主要描述的是网络中新的节点更倾向于与那些具有较高连接度的"大"节点相连接的现象。有学者认为社交能力较强、社交技巧出众的这些人可以借助互联网获取更多以满足自我需求[120]。具体而言,人格特质外向的人群通过社交网络能够获得积极的结果,而人格特质比较内向的人群则不一定达到同样的效果。外向者使用社交网络可以提升幸福感,增强自尊心,消减孤独感等;而内向者则可能有相反的使用结果,幸福指数不升反降。

3. 社会补偿理论

社会补偿理论认为,互联网的使用对于社交恐惧者、社交焦虑者和具有孤独感的人有很大帮助,比如社交焦虑程度高的人在网上社交时比社交焦虑程度低的人更有舒适感和自我表露感,但在面对面交流时自我表露较少。社交恐惧者认为自己可能更适合借助网络与他人建立联系,社交网络则成为他们弥补线下社交不足的有力工具。网络的特点比如使用文字沟通、匿名性等,使得内向者更愿意展现自我,也更容易与他人开展社会交往,建立亲密关系,从而减少孤独感[121]。

4. 社会比较理论

社会比较理论是美国社会学家费斯廷格(Festinger)于 1954 年首先提出。在缺乏客观性的情况下,每个人都把他人作为比较的标尺来进行自我评价。费斯廷格认为,在向上的社会比较中,人们一般跟那些社会化程度更高的人去比较;在向下的社会比较中,则一般作逆向比较[122]。在以下情况下人们倾向于进行社会比较:不确定自己的想法或感受;处于高压力、新的或变化的情景中;在促进竞争的环境中。社交网络的使用提供了丰富的社会比较机会,积极的社会比较可以促使人们更准确地进行自我定位,从而产生向上的动力,有利于个体的发展与身心健康,而消极的社会比较可能促使人们产生比较压力、失落感,从而造成不良情绪,丧失斗志与激情。由社交网络使用产生的消极的社交比较,也是导致抑郁的关键因素之一。

5. 个体—环境匹配理论

Muchinsky 和 Monahan 为阐述个体与环境相匹配的有关问题,提出了个体-环境匹配理论,也就是两种“一致性”,即补充一致性(Supplementary Congru-Ence,SCE)和补偿一致性(Complementary Congru-Ence,CCE)[123]。在此基础上,国内学者朱绘霖和程乐华进一步提出了补充我/补偿我理论[124]。他们认为,现实生活中的“真实自我”与网络中的“虚拟自我”之间存在着相类似的一种匹配关系,这种匹配关系在网络中表现为两种自我呈现:一种是补充型的自我呈现,另一种是补偿型的自我呈现。前者强调网络中的个体是现实中的个体继续延伸，突出了相似性；后者强调了个体因在现实中不能呈现而借助网络得以实现，突出了相异性。

6. 社会支持的三个效应模型

社会支持主效应模型的核心要义是指，对个体而言，不管是否处在压力之中，是否得到了很好的支持，社会支持都是有益的，都可以促进个体的身心健康。社会支持的缓冲效应模型认为，当个体处在压力状态下时，来自外界的社会支持可以对这种压力起到缓冲作用。个体从“小伙伴”那里获得的社会支持或者是个体的社会网络特性可以有效消减个体的压力体验。社会支持的动态效应模型是指，社会支持作为独立变量，通过直接或间接作用于压力来影响个体的身心健康，且社会支持与压力之间的关系始终处在动态变化之中[125]。社会支持效应模型应该说从另外一个层面为心理应激理论提供了事实支撑，同时也对素质-压力模型进行了实证。根据心理应激理论，由于外界的刺激的存在，压力就很容易导致个体产生抑郁情绪。依据社会支持主模型效应的观点，领悟社会支持可以消减个体的压力，降低个体的消极情绪，抑制个体的抑郁情绪，是个体积极情绪的保护因素之一。

2.4.2 与心理团体辅导相关的理论

1. 认知行为疗法

认知行为疗法（Cognitive Behavioral Therapy，CBT），是基于行为和认知心理学的基本原理的心理治疗方法，被广泛应用于改善心理健康。该疗法倾向于个体应对策略的发展，以解决目标群体的现实问题为先导，通过改变其自我认知（个人信念、态度、想法等）、个体行为等，实现改善或者减轻症状的目的。

2. 萨提亚模式

萨提亚模式又称萨提亚沟通模式，该模式不仅仅追求消除个体的痛苦和症状，更注重于提高个体自尊、改善个体沟通能力、帮助个体更接近“人性化”生活，并最终使个体达到“身心整合、内外一致”的目标。该模式运用冰山理论、冥想、家庭重塑等心理治疗技术，帮助个体提升自我价值感和社会家庭责任感，最终达到更和谐的状态。本研究将萨提亚模式的冰山理论、冥想等心理治疗技术运用于团体辅导干预之中，以帮助大学生更加准确地自我定位，从而实现自我认知和自我价值的重塑。

3. 团体辅导理论

团体辅导是指在团体的心理环境下，为团体成员提供一定的心理帮助与指导。团体辅导以所有团体成员为对象，以群体动力学知识为支撑，并有专业的老师运用专业的技巧和方法，通过团体成员之间的互动，引导个体进行自我探索，促使个体提升自我认知，进而激发个体潜能，最终达到预防或解决问题的目的。团体辅导不仅具备预防和治疗功能，而且还具有发展、教育功能。本研究就以团体辅导的方式，对实验组的大学生进行有针对性的团体干预。

4. 时间管理理论

时间管理是个体在认识时间的意义和价值的基础上，对活动和时间关系进行监控和评价的心理和行为特征。时间管理注重顺序优先的概念，明确价值导向，区分轻重缓急，根据事物与价值的关系加以区别对待，从而有效分配时间和精力，争取最高效率。时间管理可以帮助个体实现自我发展的最大化，实现个人价值的最大化。本研究借助时间管理理论，帮助大学生树立正确的人生观和时间观，引导他们更好地管理时间、规划时间，减少网络依赖，多做更有意义的事情，从而使自己的大学生活更加丰富多彩。

5. 人际沟通理论

人际沟通是人们为了某一特定目的,通过各种渠道进行信息交流并达成共识的过程,即人们传递信息、交流思想、交流情感的过程。网络的出现打破了面对面的人际沟通模式,实现了跨地域、跨空间、跨时间的交流沟通,使得人们之间的沟通更加便捷。人际沟通可以调节人们之间的关系,但在沟通中也可能会存在多重障碍。一般情况下,有效的人际沟通主要有四个步骤:注意、理解、接受和行动。本研究通过团体辅导,提升大学生的沟通技巧,从而使他们能够获取更多来自社会和家庭的支持。

2.4.3 中介效应的回顾与介绍

在流行病学、心理学和教育学等相关研究中,为了达到由因素或因素组合预测研究结果的目的,经常需要去寻找暴露因素和结局事件之间的因果关系,为流行病学中的预防或干预提供决策依据。

中介效应分析(Mediating Effect Analysis,MEA)就是借助统计学的方法来探讨中介变量(中介因素)能否解释自变量(暴露因素)对因变量(结局变量)的预测效应及其中的效应值的大小。中介变量是深度探索自变量和因变量之间因果机制的重要一环。在研究自变量 X 对因变量 Y 的影响时,如果通过一个甚至多个变量,X 对 Y 产生一定的影响,相关变量就被称为 X 对 Y 的中介变量,用 M 表示。所谓的中介效应就是 X 通过 M 对 Y 产生的间接影响。具体如图 2-8 所示。其中系数 c 为自变量 X 对因变量 Y 的总效应;系数 a 为自变量 X 对中介变量 M 的效应;系数 b 是在控制了自变量 X 的影响后,中介变量 M 对因变量 Y 的效应;系数 c' 是在控制了中介变量 M 的影响后,自变量 X 对因变量 Y 的直接效应;$e_1 \sim e_3$ 为回归残差。例如,网络成瘾(自变量)对个体抑郁(因变量)产生影响时,它不仅可以直接对抑郁产生影响,还可以通过影响孤独(中介变量)间接地对抑郁产生影响,在这里孤独就被称为网络成瘾影响个体抑郁的中介变量。

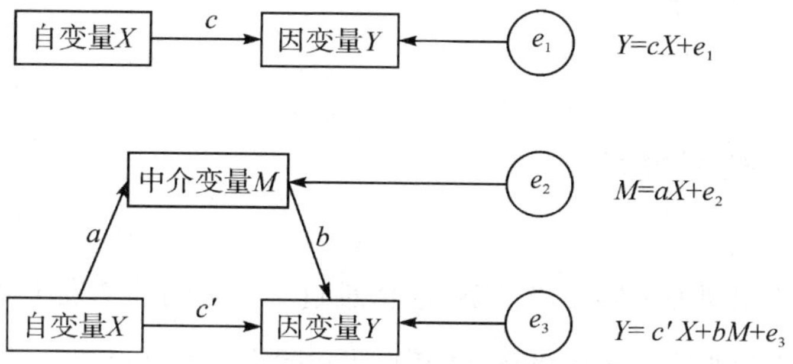

图 2－8　中介模型图

中介效应分析比单纯探讨自变量对因变量的直接影响会更全面、更深入,也更接近实际情况。

在多个学科领域,比如流行病学、心理学等,就中介效应的作用分析已有很多研究,且卓有成效。许多比较成熟、比较有效的统计方法在实际中得到广泛应用。在这些方法中,分别建立变量间的回归模型,并依次对标准化回归系数进行检验是比较传统的方法[126]。该方法是中介效应分析的基础,但仅仅适用于简单的中介路径,当中介变量较多且三个变量都为非连续性变量时,依次检验系数法就会面临挑战[127]。Hayes 使用的中介效应分析,即使在结局变量是比较复杂的数据结构的情形下,也可以很好地处理中介效应指标的置信区间的估计问题[128]。

存在混杂因素时,基于反事实理论的潜在结局框架,Greenland 等对直接效应和间接效应进行了定义,由此中介效应分析的应用得到拓宽[129]。

研究者探索了一种新的方法,就是将线性回归和 Logistic 回归二者相结合[130],使得对直接效应和间接效应的估计更为简便。中介效应分析方法与经典回归方法相比,优势更加凸显,因为它可以深度探讨比较复杂的路径,具有全局的建模思维。

2.5 研究思路

2.5.1 研究假设

抑郁主要表现为个体心境低落、悲伤难过等。影响抑郁发生的因素很多，随着网络技术的快速发展和普及，过度的社交网络使用已经成为诱发抑郁的主要危险因素之一[34]。研究表明，高水平的领悟社会支持与低水平的抑郁相关，高水平的领悟支持可以对抑郁有一定的抑制作用[131]，孤独感是抑郁症的重要预测因素[101]，社交网络暴力受害与抑郁相关[132]。领悟社会支持可以有效改善个体认知，可以提升个体综合素质，可以降低个体的消极情绪，抑制抑郁的发生；依据社会学习理论，个体可以通过不断学习来提升社会技能，进而改变自我效能和自我认知，提升自我素质，完成自我调节。

社交网络是沟通交流、信息获取的重要媒介，但不恰当的社交网络使用会引发情绪障碍，增加抑郁风险[9-10]。以往的研究认为社交网络使用强度与抑郁呈负相关[133]，但研究每天使用社交网络的时长与抑郁之间的关系者较少。因此，本研究选取每天使用社交网络时间作为变量之一，对每天使用社交网络时间和抑郁的关系开展研究。微信是中国大学生最喜欢的社交网络平台之一。因此，本研究选择微信使用作为社交网络使用的主要变量之一。研究认为，使用微信可以促进身心健康。根据使用与满足理论，个体微信使用越多，越有利于增强社交技能[134]，还有研究认为微信平台可用于降低肿瘤患者的抑郁程度[135]。根据补充我/补偿我理论，网络中的个体是现实中个体的延伸，具有暴力倾向的个体在现实生活中不能发泄，就有可能借助网络实施暴力，从而形成网络暴力，对其他个体造成伤害。

社交网络成瘾是网络成瘾的类型之一。社交网络成瘾是一种社会心理现象，其特征是个体由于不可抗拒地长期大量使用社交网络而产生的心理和生理上的不适感[57,136]。研究表明社交网络成瘾与抑郁之间高度正相关，反刍等可能会在社交网络成瘾和抑郁之间起着中介作用[35,137]，社交网络成瘾与领悟社会支持之间具有比较显著的负相关关系，社交网络成瘾的趋势可以被领悟社会支持进行有效的负向预测[138]。研究还发现，网络成瘾与社会技能之间具有负相关关系，而与孤独感、社交网络暴力等存在正相关关系[86,139]。社交网络成瘾是个体使用社交网络对抑郁症可以产生严重影响的典型指标之一。因此，本研究将社交网络成瘾选取为社交网络使用的变量之一，在领悟社会支持、孤独、社交网络暴力作为中介变量的背景下，进一步研究社交网络成瘾和抑郁症之间的关系。

基于社交网络的自我呈现，指的是个体通过发布信息、状态更新、评论分享等方式，来建立、维护或者改变自己在他人心目中的形象，并以此来改变别人对自己的看法和印象。与社交网络上的自我呈现策略相关的研究较多[72]。本研究则从个体在社交网络中自我呈现的方式出发，深入研究其对抑郁的影响，包括他人导向评论、他人导向转发、自我导向日志、装饰访问四个维度。研究发现，网络社交中的积极自我呈现和真实自我呈现可以展现个体的积极情绪，这两种呈现方式与社会支持和个体生活满意度等均存在着显著的正相关关系[140]。领悟社会支持作为中介变量，可以对真实自我呈现与抑郁之间的关系产生影响[76]。抑郁的个体的自我怀疑和不稳定的自信，可能会导致个体在自我呈现互动环境中，采取一种倾向于自我保护的表现风格，这种保护性的自我呈现特征对孤独感会产生独特的影响[141]，保护性自我呈现方式和社会支持的减少预示着孤独感的增加[78]。研究还发现脸书上的虚假自我呈现（例如，不真实的状态更新与个人资料的创建）和虚假喜欢行为与抑郁、焦虑和压力有关。根据补充我/补偿我理论，个体可以根据自己在现实和网络中的不同环境的切换，扮演两个“自我”，一个是现实生活中的真实自我，另一个是网络中的虚拟自我。补充型自我呈现与补充一致性是一脉相承的，网络中的虚拟自我还是来源于现实生活中的真实自我，是个体在现实生活中真实自我的再扩展、再延伸，比如性格外向型的个体为了扩大交际圈，可能会借助网络广交朋友。补偿型自我呈现与补偿一致性相类似，二者都主要强调个体在两个不同环境中的相异性，也就是说网络上的虚拟自我不能或不愿在现实生活中表达的“我”，借助网络得以呈现，比如具有暴力倾向的个体可能就会借助网络满足自己的暴力心理。综上所述，本文提出以下研究假设：

①社交网络成瘾与抑郁呈现正相关关系；

②孤独与抑郁呈现正相关关系；

③社交网络暴力与抑郁呈现正相关关系；

④自我呈现与抑郁呈现正相关关系；

⑤领悟社会支持与抑郁呈现负相关关系。

领悟社会支持是个体对来自家人或者朋友等群体的社会支持的一种主观感受或者某种信念[142]。研究认为，社交网络使用可以通过领悟社会支持（作为中介变量）来影响心理健康，领悟社会支持作为中介变量也能够通过改变压力大小的方式来影响抑郁[143]。社会支持缓冲效应理论认为，当个体处于压力之中时，其所承受的压力可以被得到的社会支持缓冲[144]。领悟社会支持可缓解大学生在社交网络使用过程中的压力，改善其心理健康状况[145]，有效预防抑郁情绪的产生。周琛在研究社会技能、社会支持与心理健康的关系时，发现社会技能不能对心理健康产生直接影响，而是通过社会支持产生作用，在这一过程中社会支持扮演着中介变量的角色[146]。无论是人际交往动机还是信息获取动机，对网络和线下社会支持的获取都有较强的直接影响，人际交往动机在微信使用强度与线上/线下社会支持之间进一步发挥调节作用[147]。因此，本研究将领悟社会支持作为中介变量之一来探究社交网络使用和抑郁的关系。

在社交网络使用对抑郁的作用机制中，孤独作为心理变量可能起着至关重要的作用。孤独感是在自我感觉缺少比较让人满意的人际关系或者内心经历了某种痛苦时产生的[148]。研究发现，从神经生物学机制来看，孤独参与了抑郁的消极情绪加工，干预孤独可以降低抑郁的风险[149]。基于社会角色理论，一个人是各种社会角色的总和。角色是适应特定社会定位的行为模式，是由客观的社会环境、社会要求、社会规范和对角色的自我理解决定的。大学生使用社交网络有效拓宽了他们的社交渠道，使他们对自己的社交定位更加明确。在社会交往的过程中，个体对自身社会角色的认同，对自身角色期望的实现可以减少个体的孤独感，同时，通过对情绪的合理表达和处理可以有效减少抑郁的发生。因此，本研究选择孤独作为中介变量之一，探究社交网络使用对抑郁的影响。

社交网络暴力其实是现实生活中的暴力行为在网络环境下的延续和延伸。暴力实施者利用社交网络平台发布针对受害者的言论、图片和视频，这些言论、图片和视频具有侮辱性，严重者还有伤害性、欺诈性，这会对受害者造成很大伤害。遭受网络暴力是大学生抑郁程度加重的危险因素之一，网络暴力受害与抑郁之间存在显著相关性[150]，网络暴力受害可以正向预测抑郁和问题性社交网络使用[86]。本研究认为，社交网络暴力在社交网络使用和抑郁之间也可能存在中介效应，因此本研究将社交网络暴力作为中介变量之一来探究社交网络使用和抑郁的关系。

综合上述分析和中介效应理论，本研究提出假设⑥：领悟社会支持等中介因素在微信使用等变量和抑郁之间起中介作用。具体理论模型如图 2 – 9 所示。

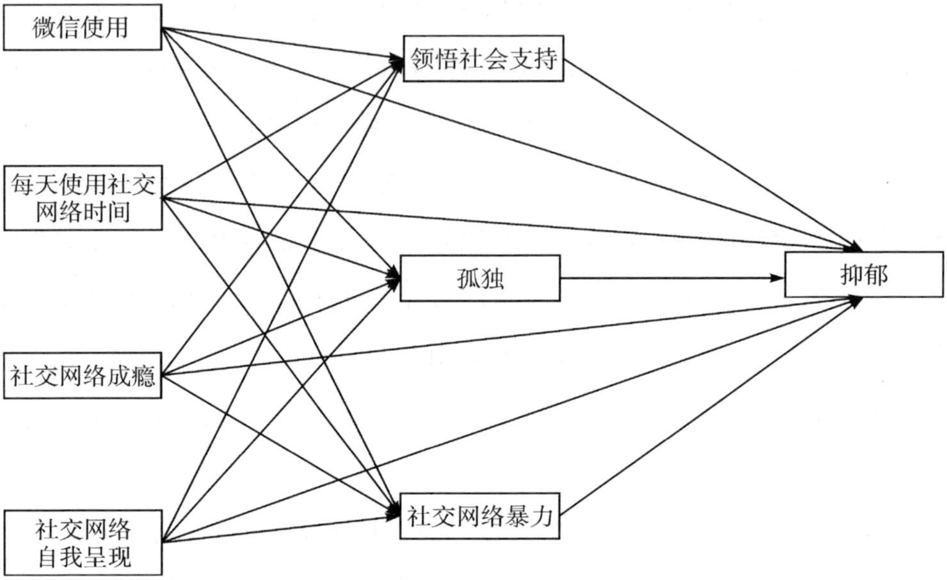

图 2－9　领悟社会支持等中介因素在社交网络使用和抑郁之间的中介作用结构方程理论模型

2.5.2　研究目的与技术路线

综上所述，本研究的主要目的如下：了解大学生的抑郁现况、社交网络使用现况及其影响因素；探索基于中介效应的社交网络使用相关行为与抑郁的关联路径，据此构建大学生抑郁干预理论策略模型；依据大学生抑郁干预策略理论模型，开展针对大学生抑郁的社交网络使用心理干预研究，提出大学生抑郁干预策略。研究思路包含三部分，第一部分是大学生抑郁与社交网络使用的现况及影响因素分析研究，第二部分是基于中介效应的大学生社交网络使用与抑郁的关联路径及干预策略理论模型的构建研究，第三部分是针对大学生抑郁的社交网络使用心理干预研究。研究技术路线如图 2－10 所示。

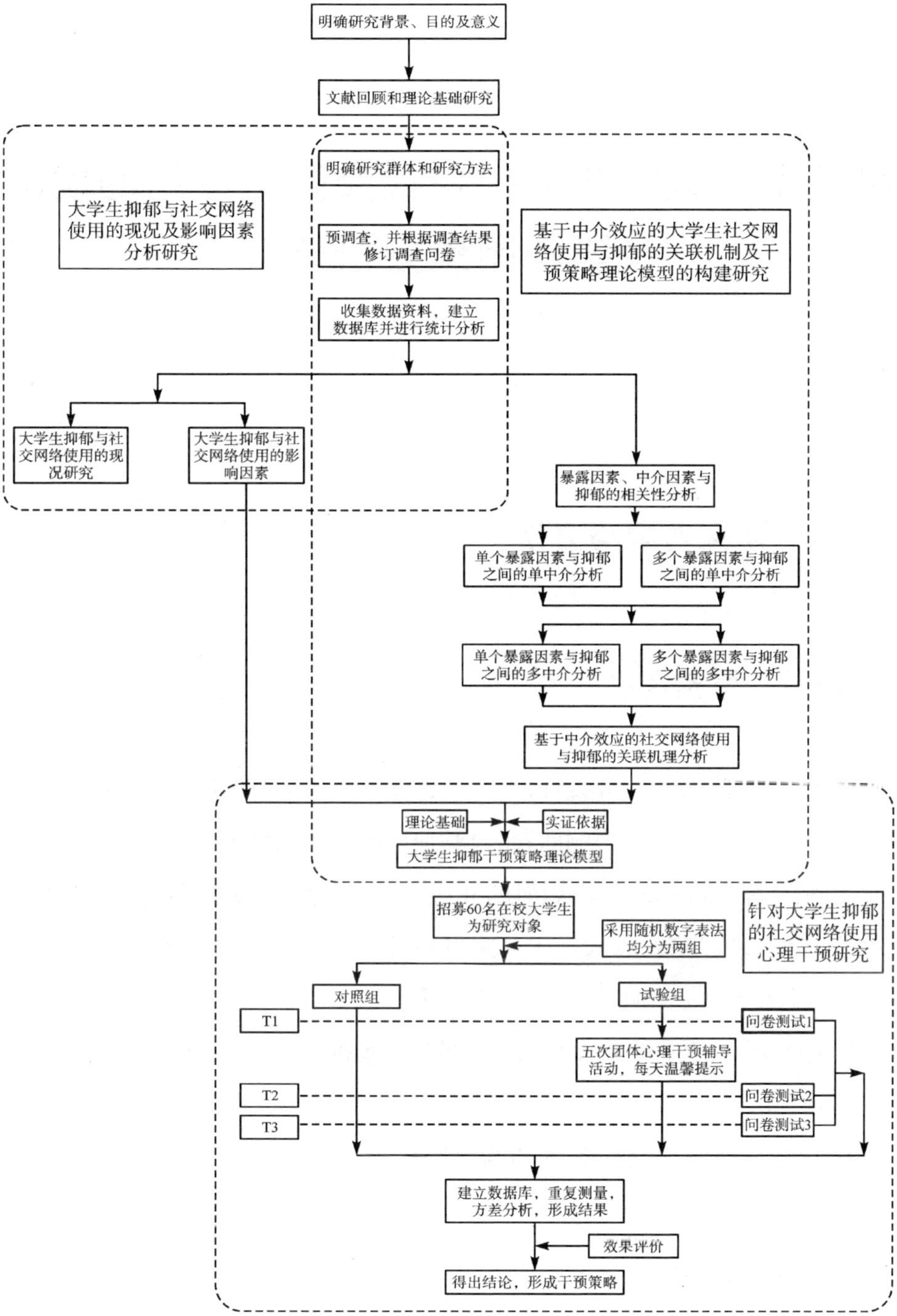

图 2－10　研究技术路线图

第三章　大学生抑郁与社交网络使用的现况及影响因素分析研究

3.1　研究对象与方法

3.1.1　研究设计

课题组采用横断面研究设计，参考了香港中文大学所编制的“初中生社交网络使用及其对心理健康的影响问卷”及其他国内外相关研究成果，针对陕西省的大学生，结合理论思考和开放式访谈，并成立专业的调查问卷编制小组及专家审核小组，编制形成“陕西省大学生社交网络使用及其对心理健康的影响调查问卷”。本调查问卷的编制修订程序完整、过程严谨，从而保证了问卷能够真实地反映大学生社交网络使用和心理健康状况的实际情况，具有较好的内容效度。

3.1.2　样本量计算与研究对象

1. 样本量的计算

本研究采用内田治关于抽样调查样本量的估算方法对所需样本量进行了

估算，当研究对象为有限总体时，可按照公式(3－1)进行计算。其中，N 为总体例数，显著水平 α 设为0.01，当置信度为1－0.05＝0.95时，$k=2.58$，$P=0.50$。

$$n \geqslant \frac{N}{\left(\frac{\alpha}{k}\right)^2 \frac{N-1}{P(1-P)}+1} \tag{3-1}$$

中共中央、国务院《关于进一步加强和改进大学生思想政治教育的意见》(中发〔2004〕16号)中明确指出“我国在校大学生包括本科生、专科生和研究生”[3]，本研究选择以在校大学生为研究对象，为了覆盖所有的目标群体，使研究结果更具有代表性，在进行抽样计算时将陕西省所有培养本科生、专科生和研究生的学校都包含其中。查阅陕西省教育厅发布的《2018年陕西省教育事业发展统计公报》，陕西属地共有87所普通高等学校，包括44所本科院校、43所高职(专科)院校，各级各类高等教育包括研究生、本科生、专科生等总规模达1 685 746人。将 $N=1\ 685\ 746$ 带入以上公式计算，可得本研究的样本量至少应为16 488例。

2. 研究对象

本研究以在校大学生作为研究对象，这些大学生来自陕西省的87所普通高等学校，使用分阶段分层随机抽样的方法抽取30所高校的21 000名大学生为研究对象。所抽取的30所高校中，包括从6所教育部直属高校中随机抽取的4所教育部直属高校，从29所陕西省省属高校中随机抽取的12所陕西省省属高校，从9所经教育部批准的全日制普通本科民办高等院校中随机抽取的4所民办高校，从43所经陕西省人民政府批准、教育部备案成立的全日制公办普通高等职业院校中随机抽取的10所高等职业院校。

所有被抽取的本科生、专科生都是以年级为单位分层随机抽取，所有研究生都是以学科为单位随机抽取。确定所有调研对象后，于2018年9月至2019年1月采用问卷调查方法开展调查。

在所抽取的30所高校中，10所高校设立有研究生培养点，且研究生人数较多;10所高校没有设立研究生培养点或者有培养点但研究生人数较少;10所高校学制为3年,都属于高职院校。对于10所设立研究生培养点的本科院校,确定每所大学调研800名学生,其中200名大一学生、200名大二学生、200名大三学生、100名大四学生、100名研究生;对于没有设立研究生培养点或有研究生培养点但研究生人数较少的10所院校,每所大学调研700名学生,其中300名大一学生、200名大二学生、100名大三学生和100名大四学生;对于10所没有大四和研究生的高职院校,调研600名学生,其中300名大一学生、200名大二学生和100名大三学生。具体见表3-1。本研究已向西安交通大学医学部伦理委员会报备并获得批准,所有被调研的学生均签署了书面知情同意书。

表3-1　抽取高校名单及调研人数分配表

序号	学校性质	学校名称	调研学生数量/人					
			大一	大二	大三	大四	研究生	总数
1	部属高校	西安交通大学	200	200	200	100	100	800
2	部属高校	西北农林科技大学	200	200	200	100	100	800
3	部属高校	陕西师范大学	200	200	200	100	100	800
4	部属高校	长安大学	200	200	200	100	100	800
5	省属高校	西北大学	200	200	200	100	100	800
6	省属高校	陕西科技大学	200	200	200	100	100	800
7	省属高校	延安大学	200	200	200	100	100	800
8	省属高校	西安工程大学	200	200	200	100	100	800
9	省属高校	西北政法大学	200	200	200	100	100	800
10	省属高校	陕西理工大学	200	200	200	100	100	800
11	省属高校	西安医学院	300	200	100	100	0	700
12	省属高校	宝鸡文理学院	300	200	100	100	0	700
13	省属高校	渭南师范学院	300	200	100	100	0	700

续表

序号	学校性质	学校名称	调研学生数量/人					
			大一	大二	大三	大四	研究生	总数
14	省属高校	安康学院	300	200	100	100	0	700
15	省属高校	商洛学院	300	200	100	100	0	700
16	省属高校	榆林学院	300	200	100	100	0	700
17	民办院校	西安培华学院	300	200	100	100	0	700
18	民办院校	西安欧亚学院	300	200	100	100	0	700
19	民办院校	西京学院	300	200	100	100	0	700
20	民办院校	西安思源学院	300	200	100	100	0	700
21	职业院校	杨凌职业技术学院	300	200	100	0	0	600
22	职业院校	陕西职业技术学院	300	200	100	0	0	600
23	职业院校	陕西财经职业技术学院	300	200	100	0	0	600
24	职业院校	西安航空职业技术学院	300	200	100	0	0	600
25	职业院校	宝鸡职业技术学院	300	200	100	0	0	600
26	职业院校	咸阳职业技术学院	300	200	100	0	0	600
27	职业院校	铜川职业技术学院	300	200	100	0	0	600
28	职业院校	渭南职业技术学院	300	200	100	0	0	600
29	职业院校	延安职业技术学院	300	200	100	0	0	600
30	职业院校	汉中职业技术学院	300	200	100	0	0	600

3.1.3 资料收集

1. 预调查

在西安交通大学随机选取 104 名大学生，集中填写调查问卷，发放 104 份问卷,收回102份问卷并现场检验,2份问卷因填写不完整被剔除,有效问卷为100份,有效率为98.04%。调查对象中,女生占比62%,男生占比38%;调查对象平均年龄为19.3岁;大一61人,大二32人,大三7人;医学专业学生80人,经济学专业18人,工科类专业2人。预调查结果显示该问卷信度、效度均较好,适用于本研究。

2. 正式调查

在相关高校学工部门老师的协助下,利用非上课时间,将被试学生组织在一起,向学生说明本次调查的目的、意义等,学生知情同意后发放调查问卷,调查员宣读完指导语后,学生无异议即开始填写,填完后调查员现场收回问卷,问卷填写时间为20~30分钟。

3.1.4 研究指标

1. 基本情况

基本资料的收集主要包括两部分:个人基本信息和社会人口学信息。

(1)个人基本信息:年级、性别、专业、身高、体重等;

(2)社会人口学信息:父母文化程度、家庭经济状况、家庭人口数、班级学习成绩、学习及生活压力、与父母的关系、使用智能手机时长、是否吸烟、周运动时间等。

2. 大学生抑郁状况

本研究对描述大学生抑郁现状的数据资料进行收集,收集的方法是利用抑郁量表以问卷调查的形式进行大学生抑郁程度的测量。

大学生抑郁程度的测量:本研究采用流调中心用抑郁量表对大学生抑郁程

度进行测量。该量表包含20个项目和4个维度。量表的4个维度主要测量抑郁情绪、躯体症状、积极情绪和人际关系等方面的情况。参与者对最近一周内每个项目中相关症状的出现频率进行评分,评分从0(没有或偶尔出现,<1天)到3(多数时间或连续地出现5~7天),总评分从0分到60分。分数越高表示被测试者出现抑郁的频率越高。既往研究显示该量表在中青年人群中的克龙巴赫α系数为0.88。本研究中该量表的克龙巴赫α系数为0.864。

3. 上网情况

大学生上网情况资料的收集分为基本上网情况和网络成瘾倾向情况两部分。

①基本上网情况:上网时长、月上网频率(天/月)等。

②网络成瘾倾向情况:本研究采用网络成瘾量表进行测评。网络成瘾量表最早由美国匹兹堡大学的杨根据《精神障碍诊断与统计手册》(DSM - Ⅳ)中的病理性赌博的判断标准开发编制,共包括8个诊断标准,被试只要满足其中的5个标准,就可以被判定为网络成瘾。在国内有关研究当中,该量表的克龙巴赫α系数为0.92。本研究中该量表的克龙巴赫α系数为0.706。

4. 社交网络使用情况

大学生社交网络使用情况的数据资料收集分为四个部分:社交网络使用总体情况、社交网络成瘾情况、社交网络使用中的自我呈现情况、社交网络使用中的网络暴力情况等。

①社交网络使用总体情况:包括在课堂使用社交网络状况、登录社交网络使用的设备、使用社交网络的动机、每天使用时间、每周使用频率、交往人数、交际对象、社交网络种类等。

②社交网络成瘾情况:本研究采用社交网络成瘾量表进行测评。该量表以微信、微博等社交网络平台的使用为基础,是测量个体一般性社交网络成瘾状

况的量表。本研究采用的社交网络成瘾量表[151]是以脸书成瘾量表[152]为基础修编而成,量表由8个维度组成,每个维度都采用李克特(Likert)5级计分(1“极不符合”~5“非常符合”)的方法,总分从5分到40分。本研究所使用的社交网络成瘾量表以及脸书成瘾量表均没有成瘾的判断标准和成瘾程度的划分,本研究遵循了原量表的测评功能,不进行大学生社交网络成瘾的判断和成瘾程度的划分,只利用所测社交网络成瘾得分,且被测试者得分越高,则社交网络成瘾程度越高、倾向越大。本研究中该量表的克龙巴赫 α 系数为0.835。

③社交网络使用中的自我呈现情况:本研究采用了王笑天研发编制的社交网络自我呈现倾向量表[153]。该量表共包括14个条目,分为4个维度:他人导向评论、他人导向转发、自我导向日志、装饰访问。采用李克特5级计分法(1“极不符合”~5“总是符合”)。被测试者所得总分越高,表示在社交网络中自我呈现的倾向越大。本研究中该量表的克龙巴赫 α 系数为0.840。

④社交网络使用中的网络暴力情况:本研究中的社交网络暴力量表采用了香港中文大学编制的网络暴力量表,共4个条目。该量表采用李克特4级计分法(1“没有”~4“经常”)。被测试者所得总分越高,表示过去遭受过的社交网络暴力越多。在本研究中,该量表的克龙巴赫 α 系数为0.684。

5. 大学生孤独及领悟社会支持状况

本研究对大学生孤独、领悟社会支持等指标的数据资料进行了收集,收集的方法是利用孤独量表、领悟社会支持量表以问卷调查的形式进行各个变量的测评。

①大学生孤独的测评:本研究采用简化版的ULS-8孤独量表来评定大学生的孤独水平,该量表是由Hays等人编制的UCLALS量表修编而成[154]。“孤独”一词在该量表所有条目中都没有出现,有助于减少回答的导向性。ULS-8孤独量表是单维度量表,共有8个条目,其中2个条目需要进行反向计分,采用李克

特4级计分法,1为"从不",2为"很少",3为"有时",4为"一直",量表总分为8～32分。被测试者得分越高,则表明孤独程度越高。本研究中该量表的克龙巴赫 α 系数为0.768。

②大学生领悟社会支持的测评:本研究采用姜乾金等人修订而成的中文版量表来评定大学生的领悟社会支持水平[155]。量表包含12个条目,分为2个维度:一是家庭支持,一是朋友支持。量表的计分方法采用了李克特7级计分法。1为"极不同意",2为"很不同意",3为"稍不同意",4为"中立",5为"稍同意",6为"很同意",7为"极同意"。总得分反映了个体领悟社会支持的水平和程度。以往研究中该量表的克龙巴赫 α 系数为0.88。本研究中该量表的克龙巴赫 α 系数为0.935。

6. 各类变量赋值

本研究主要涉及的研究指标有以下几类。自变量(暴露因素):网络成瘾、微信使用、每天使用社交网络时间、学习压力、与父母的关系等;中介变量(中介因素):领悟社会支持、孤独、社交网络暴力等;因变量(结局变量):大学生抑郁。本研究各类自变量的赋值见表3-2。

表3-2　自变量赋值表

自变量	赋值方法
性别	男=1,女=2
年级	大一=1,大二=2,大三=3,大四及大五=4,研究生=5
家庭年收入/万元	0～4=1,4.0001～8=2,8.0001～13=3,>13=4
身体质量指数/(kg/m^2)	<18.5=1,18.5～24.9=2,≥25.0=3
吸烟	否=0,是=1
每周体育锻炼时间/h	<0.5=1,0.5～1=2,>1～2=3,>2=4
父亲文化程度	初中及以下=1,高中/中专=2,本科/大专及以上=3

续表

自变量	赋值方法
母亲文化程度	初中及以下=1,高中/中专=2,本科/大专及以上=3
学习压力	较轻或没有=1,一般=2,重及较重=3
父母能理解自己的想法	从不这样=1,很少这样=2,经常这样=3,总是这样=4
有困难愿意告诉父母	从不这样=1,很少这样=2,经常这样=3,总是这样=4
父母能满足物质需求	从不这样=1,很少这样=2,经常这样=3,总是这样=4
与父母的关系	不满意=1,有一点不满意=2,比较满意=3,非常满意=4
微信使用	否=0,是=1
QQ 空间使用	否=0,是=1
登录设备(1)	智能手机=0,电脑(台式/笔记本)=0,平板电脑=0,其他=0
登录设备(2)	智能手机=0,电脑(台式/笔记本)=1,平板电脑=0,其他=0
登录设备(3)	智能手机=0,电脑(台式/笔记本)=0,平板电脑=1,其他=0
登录设备(4)	智能手机=0,电脑(台式/笔记本)=0,平板电脑=0,其他=1
使用社交网络时间/年	<2=1,3~5=2,6~8=3,>8=4
课堂使用社交网络状况	从来没有=1,偶尔=2,有时=3,经常=4
每周使用社交网络天数/天	<3=1,3~6=2,7=3
每天使用社交网络时间/h	<0.5=1,0.5~1=2,>1~2=3,>2~3=4,>3~4=5,>4=6
社交网络朋友数量/人	≤50=1,51~100=2,101~200=3,201~300=4,>300=5
社交网络朋友种类(1)	大多现实中结识=0,社交网络中结识=0,两类人数相当=0,不清楚=0
社交网络朋友种类(2)	大多现实中结识=0,社交网络中结识=1,两类人数相当=0,不清楚=0
社交网络朋友种类(3)	大多现实中结识=0,社交网络中结识=0,两类人数相当=1,不清楚=0
社交网络朋友种类(4)	大多现实中结识=0,社交网络中结识=0,两类人数相当=0,不清楚=1

7. 各量表结构效度及信度检验

本研究采用克龙巴赫 α 系数进行可靠性评价，采用 KMO 进行效度分析，该指标数值越接近 1，表示变量间的相关性越强，原有变量作因子分析就越合适。

（1）社交网络暴力量表结构效度及信度检验

利用主成分提取法，用最大方差法旋转，对社交网络暴力的 4 个问题进行探索性因子分析。首先，进行因子分析适度性检验。KMO 检验结果显示，KMO = 0.740；Bartlett 球形检验结果显示，Bartlett 球形检验结果显著（$P < 0.001$）。根据 Kaiser 准则，KMO 值大于 0.6，Bartlett 球形检验 P 值小于 0.001，则表示相关矩阵为非单位阵，也意味着资料间的相关性较强，可以开展因子分析。根据因子载荷中社交网络暴力不同的特征，对 4 个因子进行命名：因子 1 因个人隐私暴露而惹来麻烦，定义为隐私暴露；因子 2 在被同学取笑、辱骂等方面有较高载荷，定义为网络攻击；因子 3 在被人骗财、骗色等方面有较高载荷，定义为网络欺诈；因子 4 在遇到色情、威胁、语言辱骂等方面有较高载荷，定义为暴力遭遇。社交网络暴力各问题的因子载荷范围为 0.324 ~ 0.626。4 个因子的累积贡献率依次为 54.078%、75.148%、88.738%、99.998%。隐私暴露的方差贡献率为 54.078%，网络攻击的方差贡献率为 21.070%，网络欺诈的方差贡献率为 13.590%，暴力遭遇的方差贡献率 11.260%。具体见表 3 – 3。

表 3 – 3　社交网络暴力 4 个维度的因子分析结果

社交网络暴力维度	因子载荷	特征根	方差贡献率/%	累积贡献率/%
隐私暴露	0.626	2.163	54.078	54.078
网络攻击	0.596	0.843	21.070	75.148
网络欺诈	0.616	0.544	13.590	88.738
暴力遭遇	0.324	0.451	11.260	99.998

(2)社交网络自我呈现量表结构效度及信度检验

使用主成分提取法,以最大方差法旋转,对社交网络自我呈现的14个问题,开展探索性因子分析。首先,进行因子分析适度性检验。KMO检验结果显示,KMO=0.808;Bartlett球形检验结果显示,Bartlett球形检验结果显著($P<0.001$)。根据Kaiser准则,KMO值大于0.6,Bartlett球形度检验P值小于0.001,表示相关矩阵为非单位阵,意味着资料间的相关性较强,可以进行因子分析。依据因子载荷中社交网络使用的不同特征,对4个因子命名如下:因子1为他人导向评论;因子2为他人导向转发;因子3为自我导向日志;因子4为装饰访问。他人导向评论维度内各问题的因子载荷范围为0.322~0.762;他人导向转发维度内各问题的因子载荷范围为0.565~0.579;自我导向日志维度内各问题的因子载荷范围为0.624~0.728;装饰访问维度内各问题的因子载荷范围为0.631~0.736。4个因子的累积贡献率依次为34.082%、46.771%、55.792%、63.583%。4个因子的方差贡献率依次为34.082%、12.691%、9.023%和7.791%。具体见表3-4。

表3-4 社交网络自我呈现4个维度的因子分析结果

社交网络自我呈现维度	因子载荷范围	特征根	方差贡献率/%	累积贡献率/%
他人导向评论	0.322~0.762	4.770	34.082	34.082
他人导向转发	0.565~0.579	1.782	12.691	46.771
自我导向日志	0.624~0.728	1.261	9.023	55.792
装饰访问	0.631~0.736	1.092	7.791	63.583

(3)抑郁、孤独、领悟社会支持及社交网络使用各变量量表的结构效度及信度检验

本研究中,抑郁、孤独均为反向问题,数据处理时采用反向计分,得分越高,表示抑郁水平和孤独程度越严重;领悟社会支持为正向问题,得分越高表示得到的社会支持越多。各个变量的可靠性使用克龙巴赫α系数评价,采用KMO进行效度分析检验。得到抑郁的克龙巴赫α系数为0.864,KMO为0.857;孤独的克龙巴赫α系数为0.768,KMO为0.783;领悟社会支持的克龙巴赫α系数为

0.935，KMO 为 0.900。以上数据表明各个变量的内部一致性较好，拟合度较高，探索性因子分析结构清晰。

在体现社交网络使用的指标研究中，除了微信使用、每天使用社交网络时间外，还有社交网络中的自我呈现、社交网络暴力（受害）以及社交网络成瘾三个变量。其中自我呈现涉及 14 个问题，社交网络暴力涉及 4 个问题，社交网络成瘾涉及 8 个问题，以上问题都采用了李克特 5 级计分法：极不符合、不符合、一般符合、符合、非常符合。调查对象根据主观感受程度作答并计分。自我呈现为正向问题，被测试者得分越高表示在社交网络上的互动越多；社交网络暴力为反向问题，被测试者得分越高，表示曾经遭遇到的社交网络暴力越多；社交网络成瘾也为反向问题，被测试者得分越高，表示社交网络成瘾或者社交网络成瘾的趋向程度越严重。对各个变量都采用了克龙巴赫 α 系数进行可靠性评价，使用 KMO 开展效度分析检验。得到自我呈现的克龙巴赫 α 系数为 0.840，KMO 为 0.808；社交网络暴力的克龙巴赫 α 系数为 0.684，KMO 为 0.740；社交网络成瘾的克龙巴赫 α 系数为 0.855，KMO 为 0.850。以上数值表明各个变量的内部一致性比较好，拟合度也比较高。具体结果见表 3－5。

表 3－5　变量量表的信度、效度检验

研究指标	变量	包含问题数/个	克龙巴赫 α 系数	KMO
自变量（暴露因素）	学习压力	4	0.727	0.712
	网络成瘾	7	0.706	0.753
	微信使用	1	—	—
	每天使用社交网络时间	1	—	—
	社交网络成瘾	8	0.855	0.850
	自我呈现	14	0.840	0.808
中介变量（中介因素）	领悟社会支持	12	0.935	0.900
	孤独	8	0.768	0.783
	社交网络暴力	4	0.684	0.740
因变量（结局变量）	抑郁	20	0.864	0.857

注：“—”为数据缺失。

3.1.5 质量控制

1. 调研准备阶段

调研准备阶段的前期工作主要包括问卷的编制设计、问卷的校对印刷、目标学校的抽选、调研对象数量的确定等。以上工作主要由本研究团队完成。入校现场调研阶段的工作如问卷发放收集、现场秩序维持、问题解答等主要由陕西省高教工委学工部、30 所目标学校的学工部的工作人员及本研究团队等协同完成。后期问卷的编号、整理以及双录入检验,都由本研究团队完成。

为了保障研究的完整性和缜密性,本次调研对象涉及学校众多,且学校的层次跨度比较大,覆盖面比较广,从 985 院校到 211 院校,到省属重点高校、省属一般高校,再到民办院校、高职院校等,基本涵盖了各类高校;调研对象从大一新生到大二、大三、大四、大五(临床医学)学生,再到硕士研究生、博士研究生等,涉及各学段的学生;从专业范围来说,调研对象涉及理学、工学、农学、艺术设计学,以及教育学、经济学、管理学、法学、文学、历史、哲学等多个文科门类,基本涵盖了所有学科门类。

鉴于此次调研的复杂性,为了保证调研工作顺利开展,在中共陕西省高教工委学工部的协助组织下,对目标学校专门召开调研工作布置会,预先了解调研对象的课程及活动安排等,确定具体调研时间,同时对调研的目的、意义等给予充分说明,以引起目标高校领导的高度重视,做好调研的配合工作等。经过认真研讨协商,最后经各高校确认敲定具体调研工作的时间安排、负责人、联络人等细节。现状调查研究的一系列工作比如研究设计、问卷审查、数据输入、数据管理等由本研究团队负责。

2. 调研设计阶段

研究团队编制并设计了“陕西省大学生社交网络使用及其对心理健康的影响调查问卷”,并附上详细的各题目分析和填写说明。调查前对各目标学校发放正式的通知说明,把要求一一具体化,要求专人负责。为了保证调研质量,课题组预先组织104位同学进行问卷使用测试,测试内容包括填写调查问卷所花费的时间长短是否合适,问卷问题的设计有无歧义,问卷问题的顺序是否符合学生的答题思维等。经过测试后根据被试学生的反馈,再进行个别修正。研究团队对课题组调查员和被抽取高校安排的助理调查员进行严格培训:要求他们清楚地了解本研究的背景、目的及意义等,对问卷每个部分、每个条目、每个问题都必须熟悉理解,且能够详细讲解;对在问卷试填阶段出现的问题给予重点培训和强调,以便于助理调查员在现场实际调研时就可能出现的问题提出备选解决方案或者自主给予现场解决。培训要保证调查员对本研究的背景和意义有充分的理解,对问卷的整体设计有统一的认识,对各自负责的目标学校有充分的评估,确保信息收集的完整性和准确性。

3. 组织实施阶段

项目组调查队长由本课题负责人担任,调查员主要是本研究团队的研究生和被调查高校安排的助理调查员。现场调研阶段,调查员首先向被调研群体宣读针对本次调研工作的解释说明。

调查人员应在调研对象知晓此次调研的目的和意义后再发放问卷。填写过程中,调查员应随时对个别同学不清楚的问题进行及时回应,但对问题的选择不作有倾向性的解释。填写完毕后,调查员必须要对被测试者填写的问卷一一回收,并全面核查所有填写的内容,包括填写是否完整、问卷是否有效、有没有随意填写等,如有错误及时改正。当日提交的调查问卷,调查负责人必须当日进行整理和复核,核对无误的问卷方可逐一编号。

4. 数据管理阶段

采用 Epidata 3.1 软件建立相应数据库并进行逻辑检查，确保数据库的可靠性。对数据输入员进行前期培训，并进行实验输入，以确保数据输入员熟悉数据库和输入方法，对整个问卷的数据输入形成感性认识和自有输入经验；对所有问卷采用双录入方法，并进行一致性检验，出现结果不一致时应查阅问卷核实，保证录入数据的准确性、完整性。进行数据清理时应首先对每个变量进行初步筛选检查，对关键自变量和所有结果变量进行异常值、缺失值、极值的检查核对，对存在疑问的变量通过再查阅问卷进行确认。对所有数据核查无误后锁定数据库。

3.1.6 统计分析方法

本研究使用 Epidata 3.1 软件完成所有数据的录入和实时检验。采用 SPSS 24.0 软件完成数据的统计描述和分析，其中差异性检验水准定为 $\alpha=0.05$。具体统计方法如下。

1. 描述性统计分析

采用频数、百分比、平均值、标准差对调查对象的性别、年级等社会人口学资料进行表述性分析；使用社交网络使用时间、每周使用社交网络时间（天/周）、每天使用社交网络时间（时/天）、微信使用、QQ 空间使用、课堂使用社交网络状况、登录设备、社交网络朋友数、社交网络朋友种类、每周运动情况（时/周）、网络成瘾、社交网络成瘾、社交网络自我呈现、社交网络暴力等对大学生社交网络使用总体情况进行描述分析；使用抑郁、孤独等对大学生心理健康情况进行描述性分析。

2. 信效度检验

运用可靠性检验对各变量开展信度分析，采用克龙巴赫 α 系数进行可靠性评价。当克龙巴赫 α 系数大于 0.7 时，表示各条目间的内部一致性较高，结果可信度就较高；当克龙巴赫 α 系数小于 0.3 时，表示各条目间的内部一致性较差，则结果的可信度就较低。采用 KMO 值对各变量进行检验分析，KMO 值越接近于 1，表明变量间的相关性越强。

3. 单因素分析

采用独立样本 t 检验、单因素方差分析等方法，对网络成瘾、社交网络成瘾、社交网络自我呈现、社交网络暴力、抑郁、孤独、领悟社会支持等变量在社会人口学资料组间的差异性进行检验。

4. 多元回归分析

采用多元线性回归分析的方法，对网络成瘾、社交网络成瘾、社交网络自我呈现、社交网络暴力、抑郁、孤独、领悟社会支持等变量的影响因素进行检验。回归方程的拟合程度由调整 R^2 来反映；回归方程的显著性由 F 统计量来反映；采用 t 统计量来进行回归系数显著性的检验。

5. 相关性分析

对网络成瘾、社交网络成瘾、社交网络自我呈现、社交网络暴力、领悟社会支持、孤独及抑郁之间的相关性采用皮尔逊（Pearson）相关分析方法进行分析检验。

3.1.7　技术路线

本研究基于实证资料分析和理论层面的构建，并结合研究的具体内容和目标，设计规划研究技术路线，如图 3－1 所示。

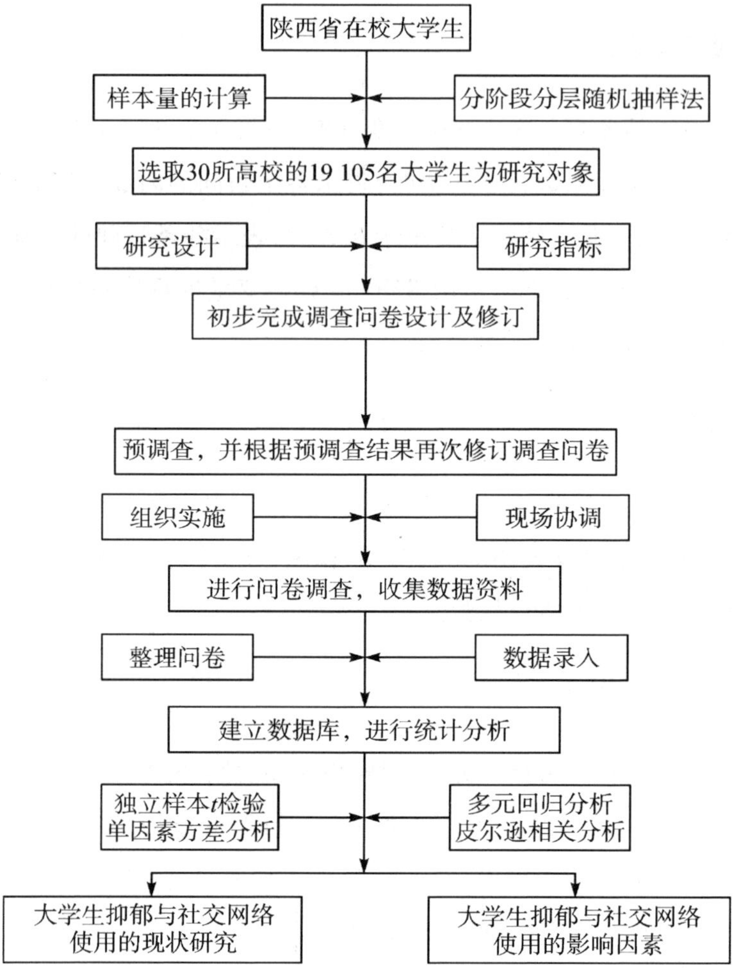

图 3－1　研究技术路线图

3.2　结果

3.2.1　一般社会人口学资料

本研究共调查了陕西省 30 所普通高等学校的 19 105 名大学生，发放

21 000 份问卷,回收 19 105 份有效问卷,有效回收率约为 90.98%。其中,男性大学生约 42.7%,女性大学生约 57.3%,性别构成比接近 1:1。所在年级以大一和大二为主,占比约 64.4%;其家庭年收入多在 0 ~ 4 万元,占比约 59.7%;身体质量指数以健康为主,占比约 64.9%;父亲及母亲文化程度均以初中及以下为主,分别占比约 51.0% 和 58.5%;一半以上大学生(约 58.7%)承受着一般学习压力;表示父母经常能理解自己的想法的,占比约 52.3%;表示很少愿意将困难告诉父母的,占比约 50.5%;约 46.7% 的大学生表示比较满意与父母的关系。吸烟的大学生占比约 17%;约 27.8% 的大学生一周锻炼时间不到半个小时,约 21.8% 的大学生一周锻炼时间在两个小时以上。详细资料见表 3 - 6。

表 3 - 6 社会人口学资料(样本为 19 105 人)

变量	选项	样本人数/人	占比/%
性别	男	8150	42.7
	女	10 955	57.3
年级	大一	6823	35.7
	大二	5489	28.7
	大三	3153	16.5
	大四及大五	2358	12.3
	研究生	1282	6.8
家庭年收入/万元	0 ~ 4	11 413	59.7
	4.0001 ~ 8	3962	20.7
	8.0001 ~ 13	1983	10.4
	>13	1747	9.2
身体质量指数/(kg/m^2)	<18.5	4988	26.1
	18.5 ~ 24.9	12 400	64.9
	≥25.0	1717	9.0
父亲文化程度	初中及以下	9750	51.0
	高中/中专	6194	32.4
	本科/大专及以上	3161	16.6

续表

变量	选项	样本人数/人	占比/%
母亲文化程度	初中及以下	11 167	58.5
	高中/中专	5399	28.3
	本科/大专及以上	2539	13.2
学习压力	较轻或没有	3458	18.1
	一般	11 221	58.7
	重及较重	4426	23.2
父母能理解自己的想法	从不这样	493	2.6
	很少这样	6586	34.5
	经常这样	9994	52.3
	总是这样	2032	10.6
有困难愿意告诉父母	从不这样	1046	5.5
	很少这样	9656	50.5
	经常这样	6850	35.9
	总是这样	1553	8.1
父母能满足物质需求	从不这样	242	1.3
	很少这样	2557	13.4
	经常这样	11 221	58.7
	总是这样	5085	26.6
与父母的关系	不满意	356	1.9
	有一点不满意	2120	11.1
	比较满意	8925	46.7
	非常满意	7704	40.3
吸烟	否	15 862	83.0
	是	3243	17.0
每周体育锻炼时间/h	<0.5	5303	27.8
	0.5~1	5276	27.6
	>1~2	4359	22.8
	>2	4167	21.8

3.2.2　大学生社交网络使用的基本情况

根据表3－7可知,本研究中的调查对象100%都经常使用社交网络,微信使用者约占总人数的76.2%;QQ空间使用者约占总人数的68.3%;登录设备以智能手机为主,占比约91.3%;使用社交网络时间以3～5年者居多,占比约42.1%;表示偶尔在课堂使用社交网络者,占比约51.2%;每天使用社交网络的时间>1～2小时者居多,占比约29.0%,>2～3小时者占比约23.2%,>3～4小时者占比约15.0%,>4小时者占比约13.9%;社交网络朋友的种类以现实中结识的为主,占比约80.8%。

表3－7　大学生社交网络使用基本资料

变量	选项	人数/人	占比/%
社交网络使用	是	19 105	100
微信使用	否	4553	23.8
	是	14 552	76.2
QQ空间使用	否	6061	31.7
	是	13 044	68.3
登录设备	电脑(台式/笔记本)	1000	5.2
	平板电脑	605	3.2
	智能手机	17 435	91.3
	其他	65	0.3
使用社交网络时间/年	<2	3677	19.2
	3～5	8036	42.1
	6～8	4799	25.1
	>8	2593	13.6
课堂使用社交网络状况	从来没有	1709	8.9
	偶尔	9785	51.2
	有时	5685	29.8
	经常	1926	10.1

续表

变量	选项	人数/人	占比/%
每周使用社交网络天数/天	<3	3002	15.7
	3～6	5851	30.6
	7	10 252	53.7
每天使用社交网络时间/h	<0.5	1050	5.6
	0.5～1	2550	13.3
	>1～2	5549	29.0
	>2～3	4429	23.2
	>3～4	2866	15.0
	>4	2661	13.9
社交网络朋友人数/人	≤50	3486	18.2
	51～100	4751	24.9
	101～200	5953	31.2
	201～300	2933	15.4
	>300	1982	10.3
社交网络朋友种类	大多现实中结识	15 431	80.8
	大多社交网络中结识	1371	7.2
	两类朋友基本一样多	1711	9.0
	不清楚	592	3.0

3.2.3　不同组间大学生抑郁率的筛查比较

1. 社会人口学资料不同组间的大学生抑郁率比较分析

大学生抑郁在社会人口学资料的组间差异使用χ^2（卡方）检验或单因素方差分析方法检验。研究结果显示，19 105 名大学生中，有 6830 人有抑郁症状，占比约 35.7%，其中男生抑郁率约 41.3%，女生抑郁率约 31.6%，男生比女生高；在所有年级学生中，大四（大五）学生抑郁率最高，约为 40.5%；学习压力重及较重者抑郁率要比学习压力一般或者没有压力的学生抑郁率要高，学习压力重及较重者抑郁率约为 43.3%；父母从不能理解自己的想法的大学生群体抑郁率较高，约为 55.4%，父母总是可以理解自己的想法的大学生群体抑郁率较低，约为28.6%；有困难从不愿意告诉父母的大学生群体抑郁率较高，约为51.7%，有困难总是愿意告诉父母的大学生，抑郁率约为29.9%；对与父母的关系非常满意的大学生抑郁率较低，约为27.2%，不满意的较高，约为63.8%；吸烟的大学生抑郁率比不吸烟的要高，前者约为54.2%，后者约为32.0%。具体见表3－8。

表3－8　社会人口学资料不同组间的大学生抑郁率

变量	选项	样本人数/人	发生抑郁人数/人	占比/%	χ^2	P
性别	男	8150	3364	41.3	188.557	<0.001
	女	10 955	3466	31.6		
年级	大一	6823	2291	33.6	83.473	<0.001
	大二	5489	1986	36.2		
	大三	3153	1235	39.2		
	大四及大五	2358	954	40.5		
	研究生	1282	364	28.4		
家庭年收入/万元	0～4	11 413	4025	35.3	3.393	0.335
	4.0001～8	3962	1455	36.7		
	8.0001～13	1983	710	35.8		
	>13	1747	640	36.6		
身体质量指数/(kg/m²)	<18.5	4988	1733	34.7	6.944	0.031
	18.5～24.9	12 400	4440	35.8		
	≥25.0	1717	657	38.3		
父亲文化程度	初中及以下	9750	3479	35.7	0.122	0.941
	高中/中专	6194	2225	35.9		
	本科/大专及以上	3161	1126	35.6		
母亲文化程度	初中及以下	11 167	3921	35.1	7.106	0.029
	高中/中专	5399	1948	36.1		
	本科/大专及以上	2539	961	37.8		
学习压力	较轻或没有	3458	1248	36.1	155.106	<0.001
	一般	11 221	3667	32.7		
	重及较重	4426	1915	43.3		

续表

变量	选项	样本人数/人	发生抑郁人数/人	占比/%	χ^2	P
父母能理解自己的想法	从不这样	493	273	55.4	404.963	<0.001
	很少这样	6586	2876	43.7		
	经常这样	9994	3099	31.0		
	总是这样	2032	582	28.6		
有困难愿意告诉父母	从不这样	1046	541	51.7	233.231	<0.001
	很少这样	9656	3699	38.3		
	经常这样	6850	2126	31.0		
	总是这样	1553	464	29.9		
父母能满足物质需求	从不这样	242	157	64.9	525.126	<0.001
	很少这样	2557	1344	52.6		
	经常这样	11 221	3876	34.5		
	总是这样	5085	1453	28.6		
与父母的关系	不满意	356	227	63.8	670.415	<0.001
	有一点不满意	2120	1132	53.4		
	比较满意	8925	3375	37.8		
	非常满意	7704	2096	27.2		
吸烟	否	15 862	5073	32.0	576.551	<0.001
	是	3243	1757	54.2		
一周体育锻炼时间/h	<0.5	5303	1909	36.0	28.049	<0.001
	0.5~1	5276	1866	35.4		
	>1~2	4359	1678	38.5		
	>2	4167	1377	33.0		

2. 社交网络使用不同组间的大学生抑郁率比较分析

不使用微信的大学生抑郁率比使用微信的抑郁率要高，前者约为43.9%，后者约为33.2%；上网登录设备为平板电脑者的抑郁率较高，约为74.2%，登录设备为智能手机者的抑郁率较低，约为33.7%；使用社交网络不超过两年的抑郁率较高，约为39.8%，使用3～5年者为35.4%，6～8年者为35.0%，8年以上者为32.5%；在课堂上经常使用网络的大学生抑郁率最高，为47.2%，从来不用的比率最低，为31.3%；每天使用社交网络超过4小时的大学生抑郁率最高，为39.6%，每天使用社交网络时间>3～4小时的大学生抑郁率最低，为32.8%；社交网络朋友种类中，大多数朋友是在网上结识的抑郁率较高，为77.7%，大多数是现实生活中结识的较低，为29.9%，具体见表3－9。

表3－9　社交网络使用不同组间的大学生抑郁率

变量	选项	样本人数/人	发生抑郁人数	占比/%	χ^2	P
微信使用	否	4553	1999	43.9	172.618	<0.001
	是	14 552	4831	33.2		
QQ空间使用	否	6061	2265	37.4	10.043	0.002
	是	13 044	4565	35.0		
登录设备	电脑（台式/笔记本）	1000	466	46.6	502.555	<0.001
	平板电脑	605	449	74.2		
	智能手机	17 435	5871	33.7		
	其他	65	44	67.7		
使用社交网络时间/年	<2	3677	1463	39.8	39.804	<0.001
	3～5	8036	2845	35.4		
	6～8	4799	1680	35.0		
	>8	2593	842	32.5		
课堂使用社交网络状况	从来没有	1709	535	31.3	167.825	<0.001
	偶尔	9785	3231	33.0		
	有时	5685	2155	37.9		
	经常	1926	909	47.2		
每周使用社交网络天数/天	<3	3002	1513	50.4	436.635	<0.001
	3～6	5851	2230	38.1		
	7	10 252	3087	30.1		

续表

变量	选项	样本人数/人	发生抑郁人数	占比/%	χ^2	P
每天使用社交网络时间/h	<0.5	1050	368	35.0	29.022	<0.001
	0.5~1	2550	910	35.7		
	>1~2	5549	2000	36.0		
	>2~3	4429	1560	35.2		
	>3~4	2866	939	32.8		
	>4	2661	1053	39.6		
社交网络朋友人数/人	≤50	3486	1248	35.8	9.812	0.044
	51~100	4751	1747	36.8		
	101~200	5953	2155	36.2		
	201~300	2933	1025	34.9		
	>300	1982	655	33.0		
社交网络朋友种类	大多现实中结识	15 431	4618	29.9	1576.575	<0.001
	大多社交网络中结识	1371	1065	77.7		
	两类朋友基本一样多	1711	751	43.9		
	不清楚	592	396	66.9		

3.2.4 大学生抑郁与社交网络使用各变量、领悟社会支持、孤独的关系分析

1. 大学生抑郁及社交网络使用各变量、领悟社会支持、孤独的组间比较分析

(1)大学生抑郁及社交网络使用各变量、领悟社会支持、孤独的统计结果

研究结果显示,大学生抑郁平均值加减标准方差(M ±SD)为16.5±9.8。四个维度中,抑郁情绪维度平均值加减标准方差为5.5±4.8,躯体症状维度平均值加减标准方差为4.7±3.4分,积极情绪维度平均值加减标准方差为5.1±3.0,人

际维度平均值加减标准方差为1.1±1.4。大学生网络成瘾的平均值加减标准方差为1.7±1.8。大学生社交网络成瘾的平均值加减标准方差为19.7±5.2。大学生社交网络暴力的平均值加减标准方差为5.4±2.0。大学生社交网络自我呈现的平均值加减标准方差为38.2±8.0,其中他人导向评论维度的平均值加减标准方差为11.5±2.9,他人导向转发维度的平均值加减标准方差为5.3±1.7,自我导向日志维度的平均值加减标准方差为9.5±3.1,装饰访问维度的平均值加减标准方差为11.8±2.7。大学生领悟社会支持的平均值加减标准方差为62.2±13.9。两个分维度中,家人支持维度的平均值加减标准方差为21.0±5.1,朋友支持维度的平均值加减标准方差为41.2±9.6。大学生孤独的平均值加减标准方差为16.3±4.2。具体见表3－10。

表3－10　大学生抑郁及社交网络使用各变量、领悟社会支持、孤独的统计结果

变量及相关维度	最小值	最大值	$M \pm SD$
社交网络成瘾	8	40	19.7±5.2
网络成瘾	0	7	1.7±1.8
社交网络暴力	4	16	5.4±2.0
社交网络自我呈现	14	70	38.2±8.0
他人导向评论	4	20	11.5±2.9
他人导向转发	2	10	5.3±1.7
自我导向日志	4	20	9.5±3.1
装饰访问	4	20	11.8±2.7
孤独	8	32	16.3±4.2
领悟社会支持	12	84	62.2±13.9
家人支持	4	28	21.0±5.1
朋友支持	8	56	41.2±9.6
抑郁	0	60	16.5±9.8
抑郁情绪	0	24	5.5±4.8
躯体症状	0	18	4.7±3.4
积极情绪	0	12	5.1±3.0
人际维度	0	6	1.1±1.4

注:网络成瘾、抑郁是重新赋值,从0开始,是为了和别的研究保持一致,具有可比性。

(2)大学生抑郁的组间比较分析

①社会人口学资料的组间比较分析(大学生抑郁)。

大学生抑郁得分在社会人口学资料的组间差异使用 t 检验或单因素方差分析方法检验。研究结果显示,大学生抑郁在性别、年级、学习压力、父母能理解自己的想法、有困难愿意告诉父母、父母能满足物质需求、与父母的关系、吸烟、每周体育锻炼时间等因素不同组别间的差异具有统计学意义($P<0.050$),见表3-11。

表3-11 社会人口学资料的组间比较分析(大学生抑郁)

变量	选项	$M\pm SD$	t	P
性别	男	17.6±10.3	13.820	<0.001
	女	15.7±9.4		
年级	大一	16.0±9.7	25.562	<0.001
	大二	16.7±9.7		
	大三	17.2±10.0		
	大四及大五	17.3±10.1		
	研究生	14.6±10.1		
家庭年收入/万元	0~4	16.4±9.5	1.364	0.252
	4.0001~8	16.8±10.1		
	8.0001~13	16.5±10.3		
	>13	16.3±10.6		
身体质量指数/(kg/m^2)	<18.5	16.4±9.7	2.393	0.091
	18.5~24.9	16.5±9.8		
	≥25.0	17.0±10.2		
父亲文化程度	初中及以下	16.6±9.5	2.245	0.106
	高中/中专	16.4±9.9		
	本科/大专及以上	16.2±10.6		
母亲文化程度	初中及以下	16.5±9.5	0.409	0.664
	高中/中专	16.4±10.0		
	本科/大专及以上	16.6±10.9		

续表

变量	选项	$M \pm SD$	t	P
学习压力	较轻或没有	16.5 ±10.6	127.407	<0.001
	一般	15.7 ±9.5		
	重及较重	18.5 ±9.8		
父母能理解自己的想法	从不这样	21.8 ±10.6	221.748	<0.001
	很少这样	18.5 ±9.5		
	经常这样	15.4 ±9.5		
	总是这样	14.3 ±10.7		
有困难愿意告诉父母	从不这样	20.8 ±10.3	136.177	<0.001
	很少这样	17.2 ±9.5		
	经常这样	15.3 ±9.7		
	总是这样	14.6 ±10.8		
父母能满足物质需求	从不这样	23.5 ±10.4	253.701	<0.001
	很少这样	20.5 ±9.6		
	经常这样	16.3 ±9.5		
	总是这样	14.6 ±10.0		
与父母的关系	不满意	23.8 ±10.6	354.928	<0.001
	有一点不满意	20.8 ±9.9		
	比较满意	17.1 ±9.5		
	非常满意	14.3 ±9.5		
吸烟	否	15.6 ±9.4	807.456	<0.001
	是	20.9 ±10.9		
每周体育锻炼时间/h	<0.5	16.9 ±9.6	18.359	<0.001
	0.5 ~1	16.4 ±9.5		
	>1 ~2	17.0 ±9.9		
	>2	15.6 ±10.4		

②社交网络使用资料的组间比较分析（大学生抑郁）。

大学生抑郁得分在社交网络使用资料的组间差异使用独立样本 t 检验或单因素方差分析方法检验。研究结果显示，大学生抑郁在使用社交网络时间、课堂使用社交网络状况、每周使用社交网络天数、每天使用社交网络时间、微信使用、QQ 空间使用、登录设备、社交网络朋友数量、社交网络朋友种类等因素不同组别间的差异具有统计学意义（$P<0.050$），见表 3－12。

表 3－12　社交网络使用资料的组间比较分析（大学生抑郁）

变量	选项	$M \pm SD$	t	P
微信使用	否	18.5 ± 10.5	15.461	<0.001
	是	15.9 ± 9.5		
QQ 空间使用	否	16.9 ± 10.0	3.482	<0.001
	是	16.3 ± 9.8		
登录设备	电脑（台式/笔记本）	19.0 ± 10.8	205.496	<0.001
	平板电脑	24.9 ± 9.9		
	智能手机	16.0 ± 9.6		
	其他	24.8 ± 11.3		
使用社交网络时间/年	<2	17.4 ± 9.7	14.769	<0.001
	3 ~ 5	16.5 ± 9.6		
	6 ~ 8	16.2 ± 9.9		
	>8	15.8 ± 10.6		
课堂使用社交网络状况	从来没有	15.4 ± 9.9	87.327	<0.001
	偶尔	15.7 ± 9.4		
	有时	17.2 ± 9.9		
	经常	19.2 ± 10.9		
每周使用社交网络天数/天	<3	19.8 ± 10.2	269.586	<0.001
	3 ~ 6	17.0 ± 9.7		
	7	15.2 ± 9.5		
每天使用社交网络时间/h	<0.5	16.1 ± 10.0	13.170	<0.001
	0.5 ~ 1	16.3 ± 9.7		
	>1 ~ 2	16.4 ± 9.9		
	>2 ~ 3	16.5 ± 9.8		
	>3 ~ 4	15.7 ± 9.2		
	>4	17.8 ± 10.4		

续表

变量	选项	*M* ± SD	*t*	*P*
社交网络朋友数量/人	≤50	16.7 ±9.5	3.088	0.015
	51 ~100	16.6 ±9.5		
	101 ~200	16.6 ±9.9		
	201 ~300	16.2 ±10.0		
	>300	15.9 ±10.7		
社交网络朋友种类	大多现实中结识	15.2 ±9.2	724.251	<0.001
	大多社交网络中结识	26.1 ±9.2		
	两类朋友基本一样多	18.3 ±10.0		
	不清楚	23.7 ±10.4		

(3)大学生网络成瘾的组间比较分析

大学生网络成瘾得分在社会人口学资料等的组间差异,使用独立样本 t 检验或单因素方差分析方法进行检验。研究结果显示,大学生网络成瘾在性别、年级、学习压力、家庭年收入、母亲文化程度、父母能理解自己的想法、有困难愿意告诉父母、父母能满足物质需求、与父母的关系、吸烟、每周体育锻炼时间等因素不同组别间的差异具有统计学意义($P<0.050$),见表 3 – 13。

表 3 – 13　大学生网络成瘾的组间比较分析

变量	选项	*M* ± SD	*t*	*P*
性别	男	1.7 ±1.8	5.535	0.019
	女	1.8 ±1.7		
年级	大一	1.5 ±1.6	55.018	<0.001
	大二	1.7 ±1.8		
	大三	1.9 ±1.9		
	人四及大五	2.0 ±1.9		
	研究生	1.9 ±1.8		

续表

变量	选项	$M \pm SD$	t	P
家庭年收入/万元	0～4	1.6±1.7	34.629	<0.001
	4.0001～8	1.9±1.8		
	8.0001～13	1.9±1.8		
	>13	1.9±1.9		
身体质量指数/(kg/m^2)	<18.5	1.7±1.7	0.011	0.990
	18.5～24.9	1.7±1.7		
	≥25.0	1.7±1.8		
父亲文化程度	初中及以下	1.7±1.7	1.374	0.253
	高中/中专	1.7±1.7		
	本科/大专及以上	1.8±1.8		
母亲文化程度	初中及以下	1.7±1.7	4.149	0.016
	高中/中专	1.7±1.8		
	本科/大专及以上	1.8±1.8		
学习压力	较轻或没有	1.8±1.9	64.515	<0.001
	一般	1.6±1.7		
	重及较重	1.9±1.8		
父母能理解自己的想法	从不这样	2.2±2.2	73.437	<0.001
	很少这样	1.9±1.8		
	经常这样	1.6±1.7		
	总是这样	1.5±1.7		
有困难愿意告诉父母	从不这样	2.0±1.9	23.466	<0.001
	很少这样	1.8±1.7		
	经常这样	1.7±1.7		
	总是这样	1.5±1.8		
父母能满足物质需求	从不这样	2.6±2.4	58.286	<0.001
	很少这样	2.0±1.9		
	经常这样	1.7±1.7		
	总是这样	1.6±1.7		

续表

变量	选项	$M \pm SD$	t	P
与父母的关系	不满意	2.7 ± 2.1	290.224	<0.001
	有一点不满意	2.5 ± 1.9		
	比较满意	1.8 ± 1.8		
	非常满意	1.4 ± 1.6		
吸烟	否	1.7 ± 1.7	134.753	<0.001
	是	2.1 ± 2.0		
每周体育锻炼时间/h	<0.5	2.0 ± 1.8	60.824	<0.001
	0.5 ~ 1	1.6 ± 1.7		
	>1 ~ 2	1.8 ± 1.7		
	>2	1.5 ± 1.7		

（4）大学生社交网络成瘾的组间比较分析

①社会人口学资料的组间比较分析（大学生社交网络成瘾）。

本研究使用独立样本 t 检验或单因素方差分析方法，检验大学生社交网络成瘾得分在社会人口学资料的组间差异。研究结果显示，大学生社交网络成瘾在年级、学习压力、家庭年收入、身体质量指数、父母文化程度、父母能理解自己的想法、有困难愿意告诉父母、父母能满足物质需求、与父母的关系、吸烟、每周体育锻炼时间等因素不同组别间的差异具有统计学意义（$P<0.050$），见表 3－14。

表 3－14　社会人口学资料的组间比较分析（大学生社交网络成瘾）

变量	选项	$M \pm SD$	t	P
性别	男	19.6 ± 5.5	−1.875	0.061
	女	19.8 ± 5.0		
年级	大一	19.4 ± 5.0	14.541	<0.001
	大二	19.9 ± 5.2		
	大三	20.1 ± 5.3		
	大四及大五	19.9 ± 5.5		
	研究生	19.6 ± 5.7		

续表

变量	选项	$M \pm SD$	t	P
家庭年收入/万元	0～4	19.7±5.1	5.755	<0.001
	4.0001～8	19.9±5.2		
	8.0001～13	19.8±5.3		
	>13	19.2±5.8		
身体质量指数/(kg/m^2)	<18.5	19.8±5.1	6.828	<0.001
	18.5～24.9	19.7±5.2		
	≥25.0	19.3±5.7		
父亲文化程度	初中及以下	19.9±5.0	20.947	<0.001
	高中/中专	19.7±5.2		
	本科/大专及以上	19.2±5.8		
母亲文化程度	初中及以下	19.9±5.1	14.760	<0.001
	高中/中专	19.6±5.3		
	本科/大专及以上	19.3±5.8		
学习压力	较轻或没有	19.3±5.7	40.708	<0.001
	一般	19.6±5.0		
	重及较重	20.3±5.4		
父母能理解自己的想法	从不这样	20.5±6.7	125.026	<0.001
	很少这样	20.5±5.0		
	经常这样	19.5±5.0		
	总是这样	18.1±6.0		
有困难愿意告诉父母	从不这样	20.2±6.4	51.436	<0.001
	很少这样	20.1±5.0		
	经常这样	19.5±5.1		
	总是这样	18.5±6.0		
父母能满足物质需求	从不这样	20.6±7.2	90.746	<0.001
	很少这样	20.8±5.1		
	经常这样	19.8±4.9		
	总是这样	18.9±5.6		

续表

变量	选项	$M \pm SD$	t	P
与父母的关系	不满意	21.4 ±6.5	167.270	<0.001
	有一点不满意	21.2 ±5.1		
	比较满意	20.1 ±5.0		
	非常满意	18.8 ±5.3		
吸烟	否	19.5 ±5.2	159.168	<0.001
	是	20.8 ±5.4		
每周体育锻炼时间/h	<0.5	20.3 ±5.4	48.317	<0.001
	0.5 ~1	19.6 ±5.0		
	>1 ~2	19.8 ±5.0		
	>2	19.1 ±5.4		

②社交网络使用资料的组间比较分析(大学生社交网络成瘾)。

本研究使用独立样本 t 检验或单因素方差分析方法,检验大学生社交网络成瘾得分在社交网络使用资料的组间差异。研究结果显示,大学生社交网络成瘾在登录设备、使用社交网络时间、课堂使用社交网络状况、每周使用社交网络天数、每天使用社交网络时间、社交网络朋友数量、社交网络朋友种类等因素不同组别间的差异具有统计学意义($P<0.050$),见表 3 – 15。

表 3 – 15　社交网络使用资料的组间比较分析(大学生社交网络成瘾)

变量	选项	$M \pm SD$	t	P
微信使用	否	19.7 ±5.5	–0.848	0.396
	是	19.7 ±5.1		
QQ 空间使用	否	19.7 ±5.4	–1.066	0.286
	是	19.8 ±5.1		
登录设备	电脑(台式/笔记本)	19.2 ±6.2	9.601	<0.001
	平板电脑	20.6 ±5.7		
	智能手机	19.7 ±5.1		
	其他	18.9 ±8.0		

续表

变量	选项	$M \pm SD$	t	P
使用社交网络时间/年	<2	19.0 ±5.2	30.417	<0.001
	3 ~5	19.9 ±5.0		
	6 ~8	20.1 ±5.2		
	>8	19.7 ±5.9		
课堂使用社交网络状况	从来没有	17.5 ±5.5	358.759	<0.001
	偶尔	19.1 ±4.8		
	有时	20.5 ±5.0		
	经常	22.3 ±6.0		
每周使用社交网络天数/天	<3	19.1 ±5.5	37.339	<0.001
	>3 ~6	19.5 ±5.0		
	7	20.0 ±5.3		
每天使用社交网络时间/h	<0.5	16.6 ±5.9	296.348	<0.001
	0.5 ~1	18.2 ±5.0		
	>1 ~2	19.1 ±4.9		
	>2 ~3	20.0 ±4.8		
	>3 ~4	20.6 ±4.8		
	>4	22.2 ±5.7		
社交网络朋友数量/人	≤50	19.0 ±5.5	28.056	<0.001
	51 ~100	19.6 ±5.0		
	101 ~200	19.9 ±4.9		
	201 ~300	20.0 ±5.2		
	>300	20.3 ±5.9		
社交网络朋友种类	大多现实中结识	19.4 ±5.1	137.635	<0.001
	大多社交网络中结识	22.0 ±5.5		
	两类朋友基本一样多	20.5 ±5.3		
	不清楚	21.1 ±6.7		

(5)大学生社交网络自我呈现的组间比较分析

①社会人口学资料的组间比较分析(大学生社交网络自我呈现)。

大学生社交网络自我呈现得分在社会人口学资料的组间差异使用独立样

本 t 检验或单因素方差分析方法进行检验。研究结果显示,大学生社交网络自我呈现在性别、年级、学习压力、家庭年收入、身体质量指数、父母文化程度、父母能理解自己的想法、有困难愿意告诉父母、父母能满足物质需求、吸烟、每周体育锻炼时间等因素不同组别间的差异具有统计学意义($P<0.050$),见表3－16。

表3－16 社会人口学资料的组间比较分析(大学生社交网络自我呈现)

变量	选项	$M\pm SD$	t	P
性别	男	37.7±8.4	60.248	<0.001
	女	38.6±7.6		
年级	大一	38.4±7.8	7.301	<0.001
	大二	37.8±7.8		
	大三	38.0±8.3		
	大四及大五	38.4±8.7		
	研究生	38.7±7.8		
家庭年收入/万元	0~4	37.3±7.7	143.139	<0.001
	4.0001~8	38.7±7.8		
	8.0001~13	40.1±8.2		
	>13	40.5±9.2		
身体质量指数/(kg/m²)	<18.5	38.5±7.9	5.112	0.006
	18.5~24.9	38.1±7.9		
	≥25.0	37.9±8.5		
父亲文化程度	初中及以下	37.3±7.4	136.872	<0.001
	高中/中专	38.6±8.0		
	本科/大专及以上	39.9±9.1		
母亲文化程度	初中及以下	37.4±7.4	151.862	<0.001
	高中/中专	38.9±8.2		
	本科/大专及以上	40.1±9.3		
学习压力	较轻或没有	38.8±9.1	16.483	<0.001
	一般	38.1±7.6		
	重及较重	37.8±8.1		

续表

变量	选项	$M \pm SD$	t	P
父母能理解自己的想法	从不这样	36.8±10.8	24.928	<0.001
	很少这样	37.7±7.6		
	经常这样	38.3±7.6		
	总是这样	39.3±9.7		
有困难愿意告诉父母	从不这样	36.8±9.4	52.513	<0.001
	很少这样	37.7±7.6		
	经常这样	38.7±7.8		
	总是这样	39.7±9.6		
父母能满足物质需求	从不这样	36.9±11.7	17.916	<0.001
	很少这样	37.4±7.7		
	经常这样	38.1±7.6		
	总是这样	38.7±8.7		
与父母的关系	不满意	38.1±10.1	0.342	0.795
	有一点不满意	38.3±7.9		
	比较满意	38.2±7.6		
	非常满意	38.1±8.3		
吸烟	否	38.1±7.8	20.067	<0.001
	是	38.7±8.7		
每周体育锻炼时间/h	<0.5	37.9±8.2	5.570	<0.001
	0.5~1	38.1±7.7		
	1~2	38.4±7.8		
	>2	38.4±8.2		

②社交网络使用资料的组间比较分析(大学生社交网络自我呈现)。

大学生社交网络自我呈现得分在社交网络使用资料的组间差异使用独立样本 t 检验或单因素方差分析方法进行检验。研究结果显示，大学生社交网络自我呈现在使用社交网络时间、课堂使用社交网络状况、每周使用社交网络天数、每天使用社交网络时间、微信使用、QQ 空间使用、登录设备、社交网络朋友数量、社交网络朋友种类等因素不同组别间的差异具有统计学意义($P<0.050$),见表3-17。

表3-17　社交网络使用资料的组间比较分析(大学生社交网络自我呈现)

变量	选项	$M\pm SD$	t	P
微信使用	否	37.1±8.5	103.713	<0.001
	是	38.5±7.8		
QQ空间使用	否	37.7±8.5	37.260	<0.001
	是	38.4±7.7		
登录设备	电脑(台式/笔记本)	38.2±10.1	15.960	<0.001
	平板电脑	39.4±9.8		
	智能手机	38.1±7.7		
	其他	32.5±10.7		
使用社交网络时间/年	<2	35.7±8.0	219.844	<0.001
	3~5	38.0±7.3		
	6~8	39.1±7.7		
	>8	40.5±9.2		
课堂使用社交网络状况	从来没有	35.4±9.4	254.789	<0.001
	偶尔	37.4±7.3		
	有时	39.1±7.4		
	经常	41.7±9.6		
每周使用社交网络天数/天	<3	35.7±8.7	237.720	<0.001
	3~6	37.7±7.3		
	7	39.2±8.0		
每天使用社交网络时间/h	<0.5	32.3±9.2	301.660	<0.001
	0.5~1	35.8±7.4		
	>1~2	37.5±7.3		
	>2~3	39.0±7.3		
	>3~4	39.7±7.4		
	>4	41.3±8.9		

续表

变量	选项	$M\pm SD$	t	P
社交网络朋友数量/人	≤50	35.5 ±8.1	293.136	<0.001
	51 ~ 100	37.0 ±7.2		
	101 ~ 200	38.6 ±7.2		
	201 ~ 300	39.9 ±7.8		
	>300	41.9 ±9.5		
社交网络朋友种类	大多现实中结识	37.8 ±7.6	78.866	<0.001
	大多社交网络中结识	39.6 ±8.8		
	两类朋友基本一样多	40.5 ±8.6		
	不清楚	37.7 ±11.4		

(6)大学生社交网络暴力的组间比较分析

①社会人口学资料的组间比较分析(大学生社交网络暴力)。

大学生社交网络暴力得分在社会人口学资料的组间差异使用独立样本 t 检验或单因素方差分析方法进行检验。研究结果显示,大学生社交网络暴力在性别、年级、学习压力、身体质量指数、家庭年收入、父母文化程度、父母能理解自己的想法、有困难愿意告诉父母、父母能满足物质需求、与父母的关系、吸烟、每周体育锻炼时间等因素不同组别间的差异具有统计学意义($P<0.050$),见表 3 - 18。

表 3 - 18　社会人口学资料的组间比较分析(大学生社交网络暴力)

变量	选项	$M\pm SD$	t	P
性别	男	5.8 ±2.3	761.229	<0.001
	女	5.0 ±1.8		
年级	大一	5.2 ±1.8	34.703	<0.001
	大二	5.4 ±2.0		
	大三	5.6 ±2.3		
	大四及大五	5.6 ±2.2		
	研究生	5.5 ±2.3		

续表

变量	选项	$M \pm SD$	t	P
家庭年收入/万元	0~4	5.2±1.9	41.176	<0.001
	4.0001~8	5.5±2.2		
	8.0001~13	5.5±2.2		
	>13	5.6±2.4		
身体质量指数/(kg/m^2)	<18.5	5.3±2.0	12.542	<0.001
	18.5~24.9	5.4±2.0		
	≥25.0	5.5±2.1		
父亲文化程度	初中及以下	5.3±1.9	12.818	<0.001
	高中/中专	5.4±2.1		
	本科/大专及以上	5.5±2.2		
母亲文化程度	初中及以下	5.3±1.9	34.107	<0.001
	高中/中专	5.4±2.1		
	本科/大专及以上	5.6±2.4		
学习压力	较轻或没有	5.6±2.3	51.664	<0.001
	一般	5.2±1.9		
	重及较重	5.4±2.0		
父母能理解自己的想法	从不这样	6.1±2.8	37.275	<0.001
	很少这样	5.4±2.0		
	经常这样	5.3±2.0		
	总是这样	5.2±2.1		
有困难愿意告诉父母	从不这样	5.7±2.4	11.476	<0.001
	很少这样	5.3±1.9		
	经常这样	5.3±2.1		
	总是这样	5.2±2.2		
父母能满足物质需求	从不这样	6.8±3.1	150.876	<0.001
	很少这样	5.9±2.3		
	经常这样	5.3±1.9		
	总是这样	5.1±1.8		
与父母的关系	不满意	6.3±2.7	181.106	<0.001
	有一点不满意	6.0±2.4		
	比较满意	5.5±2.0		
	非常满意	5.0±1.8		

续表

变量	选项	$M \pm SD$	t	P
吸烟	否	5.1 ±1.8	1085.635	<0.001
	是	6.4 ±2.6		
每周体育锻炼时间/h	<0.5	5.1 ±1.8	40.376	<0.001
	0.5 ~1	5.3 ±1.9		
	>1 ~2	5.6 ±2.2		
	>2	5.4 ±2.2		

②社交网络使用资料的组间比较分析(大学生社交网络暴力)。

大学生社交网络暴力得分在社交网络使用资料的组间差异使用独立样本 t 检验或单因素方差分析方法进行检验。研究结果显示,大学生社交网络暴力在微信使用、QQ空间使用、登录设备、使用社交网络时间、课堂使用社交网络状况、每周使用社交网络天数、每天使用社交网络时间、社交网络朋友数量、社交网络朋友种类等因素不同组别间的差异具有统计学意义($P<0.050$),见表3-19。

表3-19 社交网络使用资料的组间比较分析(大学生社交网络暴力)

变量	选项	$M \pm SD$	t	P
微信使用	否	5.9 ±2.4	369.523	<0.001
	是	5.2 ±1.8		
QQ 空间使用	否	5.4 ±2.1	6.140	0.013
	是	5.3 ±2.0		
登录设备	电脑(台式/笔记本)	6.1 ±2.6	364.652	<0.001
	平板电脑	7.7 ±2.7		
	智能手机	5.2 ±1.9		
	其他	7.0 ±3.5		
使用社交网络时间/年	<2	5.3 ±2.0	10.383	<0.001
	3 ~5	5.3 ±2.0		
	6 ~8	5.4 ±2.1		
	>8	5.5 ±2.2		

续表

变量	选项	$M\pm SD$	t	P
课堂使用社交网络状况	从来没有	4.9±1.8	133.045	<0.001
	偶尔	5.2±1.9		
	有时	5.5±2.1		
	经常	6.0±2.5		
每周使用社交网络天数/天	<3	6.0±2.5	235.730	<0.001
	3~6	5.4±2.1		
	7	5.1±1.7		
每天使用社交网络时间/h	<0.5	5.0±1.8	14.758	<0.001
	0.5~1	5.4±2.1		
	>1~2	5.4±2.1		
	>2~3	5.4±2.1		
	>3~4	5.1±1.8		
	>4	5.4±2.1		
社交网络朋友数量/人	≤50	5.0±1.6	56.573	<0.001
	51~100	5.2±1.9		
	101~200	5.5±2.1		
	201~300	5.5±2.2		
	>300	5.6±2.3		
社交网络朋友种类	大多现实中结识	5.0±1.6	1390.018	<0.001
	大多社交网络中结识	8.1±2.8		
	两类朋友基本一样多	5.7±2.1		
	不清楚	7.0±3.0		

(7)大学生领悟社会支持的组间比较分析

①社会人口学资料的组间比较分析(大学生领悟社会支持)。

大学生领悟社会支持得分在社会人口学资料的组间差异采用独立样本 t 检验或单因素方差分析方法进行检验。研究结果显示,大学生领悟社会支持在性别、年级、学习压力、家庭年收入、父母文化程度、父母能理解自己的想法、有困难愿意告诉父母、父母能满足物质需求、与父母的关系、吸烟、每周体育锻炼时间等因素不同组别间的差异具有统计学意义（$P<0.050$），见表3－20。

表3－20　社会人口学资料的组间比较分析（大学生领悟社会支持）

变量	选项	$M\pm SD$	t	P
性别	男	60.0±14.6	−19.245	<0.001
	女	63.9±13.1		
年级	大一	63.3±13.4	31.791	<0.001
	大二	61.3±14.0		
	大三	61.3±14.1		
	大四及大五	61.3±14.5		
	研究生	64.6±13.2		
家庭年收入/万元	0～4	61.8±13.6	22.248	<0.001
	4.0001～8	61.9±13.9		
	8.0001～13	63.7±13.9		
	>13	64.0±15.7		
身体质量指数/(kg/m^2)	<18.5	62.5±13.9	1.869	0.154
	18.5～24.9	62.2±13.8		
	≥25.0	61.8±14.1		
父亲文化程度	初中及以下	61.6±13.5	37.336	<0.001
	高中/中专	62.3±13.9		
	本科/大专及以上	64.0±14.9		
母亲文化程度	初中及以下	61.6±13.4	25.858	<0.001
	高中/中专	62.8±14.1		
	本科/大专及以上	63.6±15.3		
学习压力	较轻或没有	61.6±15.6	17.750	<0.001
	一般	62.7±13.3		
	重及较重	61.4±13.7		

续表

变量	选项	$M \pm SD$	t	P
父母能理解自己的想法	从不这样	52.3 ± 17.3	447.999	<0.001
	很少这样	58.5 ± 13.2		
	经常这样	63.9 ± 13.1		
	总是这样	68.3 ± 14.6		
有困难愿意告诉父母	从不这样	54.9 ± 15.8	322.075	<0.001
	很少这样	60.4 ± 13.2		
	经常这样	64.5 ± 13.4		
	总是这样	68.2 ± 14.8		
父母能满足物质需求	从不这样	49.9 ± 18.3	469.227	<0.001
	很少这样	55.3 ± 13.8		
	经常这样	62.1 ± 13.1		
	总是这样	66.5 ± 13.6		
与父母的关系	不满意	50.3 ± 16.0	616.560	<0.001
	有一点不满意	55.3 ± 13.4		
	比较满意	60.6 ± 13.1		
	非常满意	66.6 ± 13.3		
吸烟	否	63.2 ± 13.3	523.538	<0.001
	是	57.2 ± 15.7		
每周体育锻炼时间/h	<0.5	62.2 ± 13.8	29.228	<0.001
	0.5～1	61.7 ± 13.6		
	>1～2	61.2 ± 14.2		
	>2	63.9 ± 13.9		

②社交网络使用资料的组间比较分析（大学生领悟社会支持）。

大学生领悟社会支持得分在社交网络使用资料的组间差异采用独立样本 t 检验或单因素方差分析方法进行检验。研究结果显示，大学生领悟社会支持在使用社交网络时间、每周使用社交网络天数、每天使用社交网络时间、微信使用、QQ 空间使用、登录设备、社交网络朋友数量、社交网络朋友种类等因素不同组别间的差异具有统计学意义（$P < 0.050$），见表 3－21。

表 3-21 社交网络使用资料的组间比较分析(大学生领悟社会支持)

变量	选项	$M \pm SD$	t	P
微信使用	否	59.3 ± 15.0	-16.618	<0.001
	是	63.1 ± 13.4		
QQ 空间使用	否	61.2 ± 14.9	-6.775	<0.001
	是	62.7 ± 13.4		
登录设备	电脑(台式/笔记本)	58.5 ± 16.6	202.802	<0.001
	平板电脑	50.0 ± 16.1		
	智能手机	62.9 ± 13.4		
	其他	57.0 ± 16.6		
使用社交网络时间/年	<2	59.7 ± 14.7	87.834	<0.001
	3~5	61.9 ± 13.5		
	6~8	63.1 ± 13.5		
	>8	65.2 ± 14.0		
课堂使用社交网络状况	从来没有	62.7 ± 15.2	1.371	0.250
	偶尔	62.3 ± 13.6		
	有时	62.0 ± 13.5		
	经常	61.9 ± 15.0		
每周使用社交网络天数/天	<3	55.7 ± 16.0	508.327	<0.001
	3~6	61.5 ± 13.3		
	7	64.5 ± 12.8		
每天使用社交网络时间/h	<0.5	59.5 ± 16.8	26.883	<0.001
	0.5~1	61.0 ± 14.9		
	>1~2	61.6 ± 13.9		
	>2~3	62.7 ± 13.2		
	>3~4	64.0 ± 12.4		
	>4	62.9 ± 13.9		
社交网络朋友数量/人	≤50	60.5 ± 14.5	57.957	<0.001
	51~100	61.5 ± 13.6		
	101~200	61.9 ± 13.5		
	201~300	63.8 ± 13.7		
	>300	65.6 ± 14.3		

续表

变量	选项	$M \pm SD$	t	P
社交网络朋友种类	大多现实中结识	63.9±12.9	632.713	<0.001
	大多社交网络中结识	49.9±14.6		
	两类朋友基本一样多	60.4±14.3		
	不清楚	51.2±15.8		

(8)大学生孤独的组间比较分析

①社会人口学资料的组间比较分析(大学生孤独)。

大学生孤独得分在社会人口学资料的组间差异使用独立样本 t 检验或单因素方差分析方法进行检验。研究结果显示,大学生孤独在性别、年级、学习压力、家庭年收入、父母文化程度、父母能理解自己的想法、有困难愿意告诉父母、父母能满足物质需求、与父母的关系、吸烟、每周体育锻炼时间等因素不同组别间的差异具有统计学意义($P<0.050$),见表3-22。

表3-22 社会人口学资料的组间比较分析(大学生孤独)

变量	选项	$M \pm SD$	t	P
性别	男	16.4±4.3	4.372	<0.001
	女	16.2±4.1		
年级	大一	16.0±4.3	18.925	<0.001
	大二	16.5±4.2		
	大三	16.4±4.2		
	大四及大五	16.5±4.2		
	研究生	15.9±4.3		
家庭年收入/万元	0~4	16.4±4.2	13.845	<0.001
	4.0001~8	16.3±4.2		
	8.0001~13	16.0±4.3		
	>13	15.8±4.5		

续表

变量	选项	$M \pm SD$	t	P
身体质量指数/(kg/m^2)	<18.5	16.2 ±4.2	0.721	0.486
	18.5~24.9	16.3 ±4.2		
	≥25.0	16.4 ±4.4		
父亲文化程度	初中及以下	16.5 ±4.1	35.628	<0.001
	高中/中专	16.1 ±4.3		
	本科/大专及以上	15.8 ±4.4		
母亲文化程度	初中及以下	16.5 ±4.1	35.320	<0.001
	高中/中专	16.0 ±4.3		
	本科/大专及以上	15.9 ±4.5		
学习压力	较轻或没有	15.9 ±4.4	86.317	<0.001
	一般	16.1 ±4.1		
	重及较重	17.0 ±4.2		
父母能理解自己的想法	从不这样	18.0 ±4.4	209.652	<0.001
	很少这样	17.1 ±4.0		
	经常这样	15.9 ±4.1		
	总是这样	14.9 ±4.6		
有困难愿意告诉父母	从不这样	17.3 ±4.5	106.480	<0.001
	很少这样	16.6 ±4.1		
	经常这样	15.9 ±4.2		
	总是这样	15.0 ±4.6		
父母能满足物质需求	从不这样	18.4 ±4.3	172.849	<0.001
	很少这样	17.5 ±4.0		
	经常这样	16.4 ±4.1		
	总是这样	15.4 ±4.4		
与父母的关系	不满意	18.5 ±4.3	348.079	<0.001
	有一点不满意	17.9 ±3.9		
	比较满意	16.7 ±4.0		
	非常满意	15.2 ±4.3		

续表

变量	选项	$M \pm SD$	t	P
吸烟	否	16.1 ±4.2	172.793	<0.001
	是	17.2 ±4.3		
每周体育锻炼时间/h	<0.5	16.6 ±4.2	51.581	<0.001
	0.5 ~1	16.4 ±4.0		
	>1 ~2	16.4 ±4.1		
	>2	15.6 ±4.5		

②社交网络使用资料的组间比较分析(大学生孤独)。

大学生孤独得分在社交网络使用资料的组间差异使用独立样本 t 检验或单因素方差分析方法进行检验。研究结果显示,大学生孤独在使用社交网络时间、课堂使用社交网络状况、每周使用社交网络天数、每天使用社交网络时间、微信使用、登录设备、社交网络朋友数量、社交网络朋友种类等因素不同组别间的差异具有统计学意义($P<0.050$),见表3-23。

表3-23　社交网络使用资料的组间比较分析(大学生孤独)

变量	选项	$M \pm SD$	t	P
微信使用	否	19.7 ±5.5	11.056	<0.001
	是	19.7 ±5.2		
QQ空间使用	否	16.2 ±4.3	-0.995	0.320
	是	16.3 ±4.2		
登录设备	电脑(台式/笔记本)	16.9 ±4.3	65.083	<0.001
	平板电脑	18.4 ±3.7		
	智能手机	16.2 ±4.2		
	其他	17.1 ±4.1		
使用社交网络时间/年	<2	16.6 ±4.1	19.700	<0.001
	3 ~5	16.3 ±4.1		
	6 ~8	16.1 ±4.3		
	>8	15.8 ±4.6		

续表

变量	选项	$M \pm SD$	t	P
课堂使用社交网络状况	从来没有	15.8 ±4.6	41.820	<0.001
	偶尔	16.1 ±4.1		
	有时	16.5 ±4.1		
	经常	17.0 ±4.5		
每周使用社交网络天数/天	<3	17.1 ±4.1	92.298	<0.001
	3 ~6	16.4 ±4.1		
	7	15.9 ±4.3		
每天使用社交网络时间/h	<0.5	16.4 ±4.6	3.400	0.005
	0.5 ~1	16.3 ±4.1		
	>1 ~2	16.2 ±4.1		
	>2 ~3	16.2 ±4.2		
	>3 ~4	16.1 ±4.2		
	>4	16.5 ±4.4		
社交网络朋友数量/人	≤50	16.7 ±4.3	44.068	<0.001
	51 ~100	16.5 ±4.1		
	101 ~200	16.3 ±4.1		
	201 ~300	15.9 ±4.2		
	>300	15.4 ±4.7		
社交网络朋友种类	大多现实中结识	15.9 ±4.2	270.073	<0.001
	大多社交网络中结识	18.9 ±3.4		
	两类朋友基本一样多	16.6 ±4.2		
	不清楚	18.2 ±4.0		

2. 大学生每天使用社交网络时间与抑郁水平的关系及不同组间的差别

图 3 –2、图 3 –3、图 3 –4 和图 3 –5 分别描述了不同情况下每天使用社交网络时间与抑郁得分之间的关系。图 3 –6 描述了每天使用社交网络时间与领悟社会支持得分之间的关系。图 3 –7 描述了每天使用社交网络时间与孤独得

分之间的关系。在图 3－2 中，每天使用社交网络 >3 ~4 小时的大学生抑郁得分最低；图 3－3 中，在社交网络使用时间各区段男大学生抑郁得分均高于女大学生，女大学生抑郁得分最低点出现在每天使用社交网络 >3 ~4 小时的区段；图 3－4 显示，与不吸烟的大学生相比，吸烟的大学生在每个社交网络使用时段的抑郁得分更高，且两者抑郁得分最低点均出现在每天使用社交网络 >3 ~4 小时的区段；图 3－5 中，学业压力大的大学生在社交网络使用时间各区段的抑郁得分均高于学业压力一般、无压力或压力小的大学生，且三者的抑郁得分最低点均出现在每天使用社交网络 >3 ~4 小时的区段。图 3－6 中，每天使用社交网络 >3 ~4 小时的大学生领悟社会支持得分最高；图 3－7 中，每天使用社交网络 >3 ~4 小时的大学生孤独得分最低。

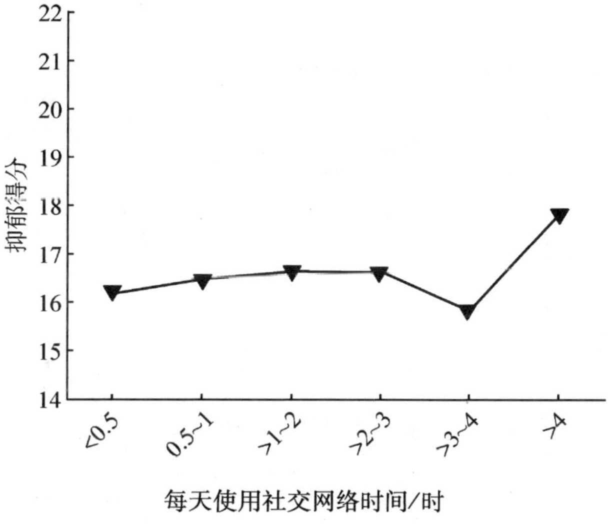

图 3－2　每天使用社交网络时间与抑郁得分的关系

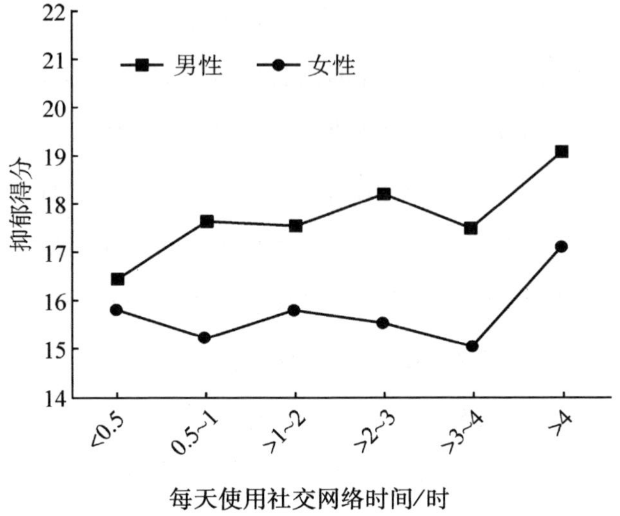

图 3－3　不同性别的大学生每天使用社交网络时间与抑郁得分的关系

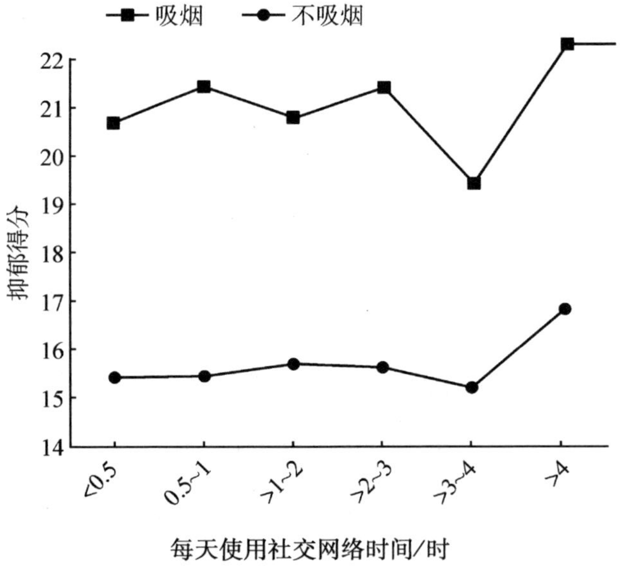

图 3－4　不同吸烟状态下每天使用社交网络时间与抑郁得分的关系

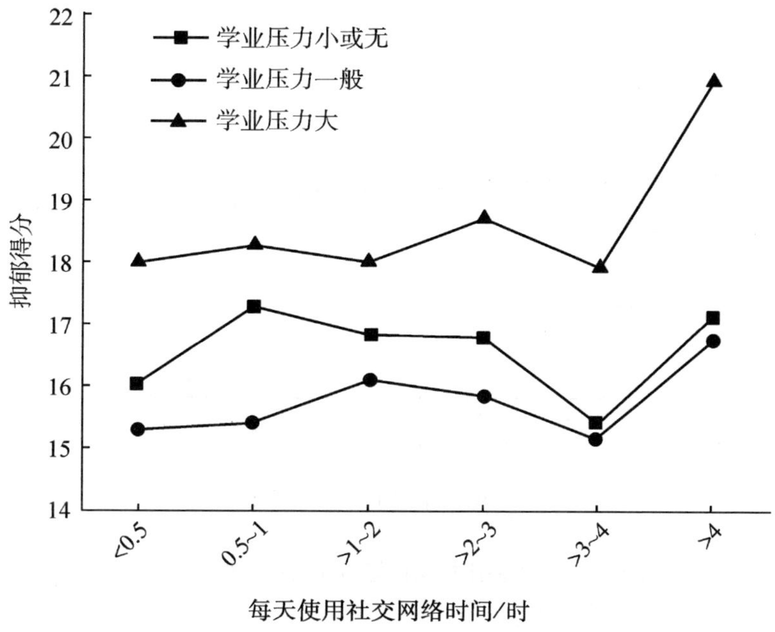

图 3－5　不同学业压力状态下每天使用社交网络时间与抑郁得分的关系

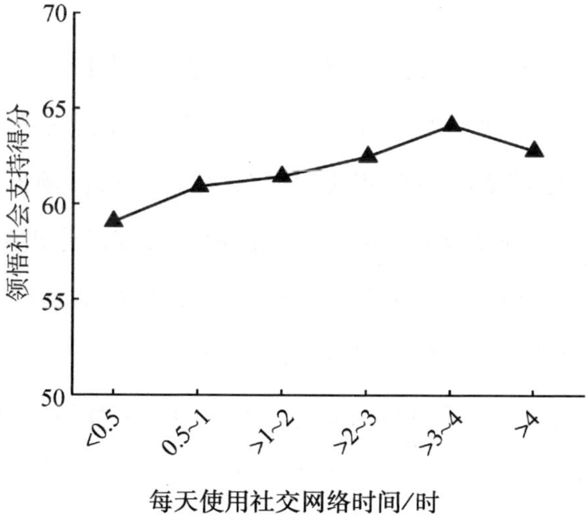

图 3－6　每天使用社交网络时间与领悟社会支持得分的关系

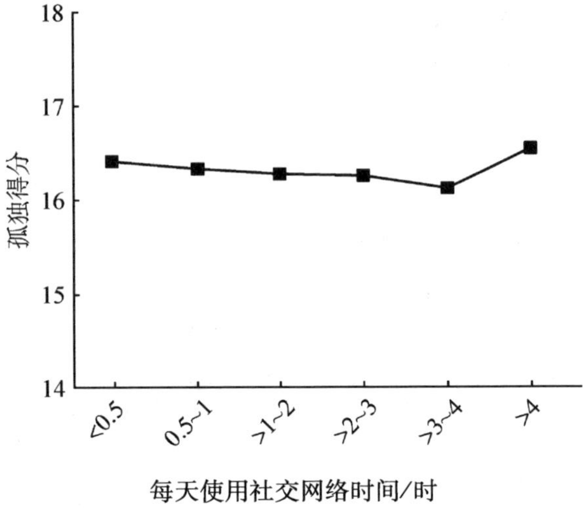

图 3－7　每天使用社交网络时间与孤独得分的关系

3. 网络成瘾、社交网络成瘾、自我呈现、社交网络暴力、领悟社会支持、孤独与抑郁的相关性分析

将网络成瘾、社交网络成瘾、自我呈现、领悟社会支持、孤独、社交网络暴力与抑郁及其各维度进行相关性分析，结果显示，领悟社会支持及其各维度得分与抑郁及其各维度得分都呈现负相关的关系（$P<0.01$）。领悟社会支持的家人支持维度和朋友支持维度得分与抑郁的积极情绪维度得分相关性极高，相关系数分别为 $r=-0.368$、$r=-0.369$。社交网络成瘾、网络成瘾、孤独、社交网络暴力总分与抑郁总分及其各维度得分之间均存在正相关关系（$P<0.01$），其中社交网络成瘾、网络成瘾、孤独与抑郁情绪维度的相关性最高，相关系数分别为 $r=0.338$、$r=0.340$、$r=0.524$，社交网络暴力与人际维度的相关性最高，相关系数为 $r=0.416$。自我呈现总分与抑郁总分呈正相关关系（$P<0.01$），其中自我呈现的他人导向评论维度得分与抑郁及其各维度的得分呈现负相关的关系（$P<0.01$）。具体见表 3－24。

表 3-24　社交网络成瘾、网络成瘾、自我呈现、社交网络暴力、领悟社会支持、孤独与抑郁的相关系数(r)

变量	抑郁总分	抑郁情绪	躯体症状	积极情绪	人际维度
社交网络成瘾	0.401**	0.388**	0.376**	0.125**	0.296**
网络成瘾	0.344**	0.340**	0.318**	0.093**	0.270**
自我呈现	0.064**	0.109**	0.097**	-0.109**	0.074**
他人导向评论	-0.086**	-0.030**	-0.028**	-0.169**	-0.064**
他人导向转发	0.075**	0.104**	0.090**	-0.061**	0.084**
自我导向日志	0.158**	0.175**	0.144**	-0.004	0.165**
装饰访问	0.055**	0.091**	0.099**	-0.100**	0.049**
领悟社会支持	-0.460**	-0.365**	-0.308**	-0.390**	-0.379**
家人支持	-0.432**	-0.346**	-0.289**	-0.368**	-0.340**
朋友支持	-0.436**	-0.344**	-0.292**	-0.369**	-0.367**
孤独	0.582**	0.524**	0.456**	0.327**	0.464**
社交网络暴力	0.426**	0.412**	0.390**	0.094**	0.416**

注：** $P<0.01$。

4. 大学生社交网络使用、领悟社会支持、孤独及抑郁的多因素分析

(1)大学生网络成瘾的多因素分析

把社会人口学资料中的所有变量作为自变量，以大学生网络成瘾为因变量，进行多元线性回归分析($\alpha_{入}<0.05$，$\alpha_{出}>0.1$)。当自变量为二分类变量时，可直接数量化进行回归分析；当自变量为多分类名义变量时，则需定义因变量进行回归分析。自变量赋值情况详见表 3-2。

大学生网络成瘾多元回归结果显示，进入方程的变量有 9 个，分别是与父母的关系、年级、吸烟、每周体育锻炼时间、家庭年收入、性别、父母能理解自己的想法、学习压力、父母能满足物质需求。统计值 $F=156.296$，$P<0.001$，表明该多元回归方程具有统计学意义。调整系数 $R^2=0.068$，表明进入上述方程的

9个因素可以解释网络成瘾总变异的6.8%，具体见表3-25。

表3-25 网络成瘾的多因素分析

变量	B	SE	β	t	P
与父母的关系	-0.428	0.019	-0.176	-22.372	<0.001
年级	0.123	0.010	0.087	12.255	<0.001
吸烟	0.412	0.035	0.088	11.806	<0.001
每周体育锻炼时间	-0.107	0.011	-0.067	-9.322	<0.001
家庭年收入	0.118	0.013	0.066	9.113	<0.001
性别	0.147	0.027	0.041	5.497	<0.001
父母能理解自己的想法	-0.079	0.021	-0.031	-3.846	<0.001
学习压力	0.086	0.019	0.031	4.450	<0.001
父母能满足物质需求	-0.060	0.020	-0.022	-2.914	0.004

注：$F=156.296$，$P<0.001$，$R^2=0.068$，B表示非标准化系数，β表示标准化系数。

(2)大学生社交网络成瘾的多因素分析

本研究把社会人口学资料和社交网络使用资料中的所有变量作为自变量，以大学生社交网络成瘾为因变量，进行多元线性回归分析（$\alpha_{入}<0.05$，$\alpha_{出}>0.1$），自变量赋值情况见表3-2。大学生社交网络成瘾多元回归分析结果显示，进入方程的变量有15个，分别是课堂使用社交网络状况、与父母的关系、父母能理解自己的想法、学习压力、吸烟、每周体育锻炼时间、父母能满足物质需求、社交网络朋友数量、父亲文化程度、身体质量指数、性别、每天使用社交网络时间、登录方式为电脑（包括台式电脑和笔记本电脑，之后不再一一注明）、社交网络朋友种类为大多通过社交网络结识与两类人数相当。统计值$F=134.705$，$P<0.001$，表明该多元回归方程是具有统计学意义的。调整系数$R^2=0.112$，表明进入上述方程的15个因素可以解释社交网络成瘾总变异的11.2%，具体见表3-26。

表 3－26　社交网络成瘾的多因素分析

变量	B	SE	β	t	P
课堂使用社交网络状况	1.264	0.048	0.191	26.376	<0.001
与父母的关系	−0.511	0.056	−0.071	−9.108	<0.001
父母能理解自己的想法	−0.527	0.060	−0.069	−8.819	<0.001
学习压力	0.539	0.056	0.066	9.567	<0.001
吸烟	0.785	0.104	0.056	7.561	<0.001
每周体育锻炼时间	−0.296	0.033	−0.063	−8.856	<0.001
父母能满足物质需求	−0.434	0.060	−0.055	−7.259	<0.001
社交网络朋友数量	0.177	0.031	0.041	5.695	<0.001
父亲文化程度	−0.308	0.049	−0.044	−6.225	<0.001
身体质量指数	−0.213	0.064	−0.023	−3.309	0.001
性别	0.297	0.080	0.028	3.728	<0.001
每天使用社交网络时间	0.354	0.053	0.050	6.643	<0.001
电脑登录（登录设备 2）	−0.520	0.163	−0.022	−3.193	0.001
大多通过社交网络结识（社交朋友种类 2）	2.317	0.151	0.114	15.319	<0.001
两类人数相当（社交朋友种类 3）	0.843	0.128	0.046	6.605	<0.001

注：$F=134.705$，$P<0.001$，$R^2=0.112$，B 表示非标准化系数，β 表示标准化系数。

（3）大学生社交网络自我呈现的多因素分析

本研究把社会人口学资料和社交网络使用资料中的所有变量作为自变量，以大学生社交网络自我呈现为因变量，进行多元线性回归分析（$\alpha_{入}<0.05$，$\alpha_{出}>0.1$），自变量赋值情况见表 3－2。大学生自我呈现多元回归分析结果显示，进入方程的变量有 20 个，分别是每周使用社交网络天数、社交网络中朋友总数、家庭年收入、有困难愿意告诉父母、使用社交网络时间、母亲文化程度、年级、微信使用、性别、吸烟、QQ 空间使用、与父母的关系、父亲文化程度、学业压力、每周体育锻炼时间、每天使用社交网络时间、登录方式为平板电脑及其他、社交网络朋友种类为大多通过社交网络结识及两类人数相当。统计值 $F=$

150.022，$P<0.001$，表明该多元回归方程是具有统计学意义的。调整系数 $R^2=0.146$，表明进入上述方程的20个因素可以解释大学生社交网络自我呈现总变异的14.6%，具体见表3-27。

表3-27　自我呈现的多因素分析

变量	B	SE	β	t	P
每周使用社交网络天数	1.155	0.043	0.201	26.992	<0.001
社交网络中朋友总数	0.945	0.048	0.144	19.738	<0.001
家庭年收入	0.437	0.063	0.054	6.880	<0.001
有困难愿意告诉父母	0.750	0.080	0.068	9.337	<0.001
使用社交网络时间	0.481	0.064	0.056	7.459	<0.001
母亲文化程度	0.352	0.108	0.032	3.270	0.001
年级	-0.331	0.045	-0.052	-7.359	<0.001
微信使用	1.118	0.131	0.060	8.518	<0.001
性别	0.888	0.120	0.055	7.410	<0.001
吸烟	0.524	0.156	0.025	3.367	0.001
QQ空间使用	0.599	0.118	0.035	5.073	<0.001
与父母的关系	-0.176	0.079	-0.016	-2.231	0.026
父亲文化程度	0.349	0.103	0.033	3.405	0.001
学业压力	-0.174	0.085	-0.014	-2.058	0.040
每周体育锻炼时间	0.125	0.050	0.017	2.484	0.013
每天使用社交网络时间	0.398	0.085	0.037	4.688	<0.001
平板电脑登录（登录设备3）	1.317	0.325	0.029	4.054	<0.001
其他方式登录（登录设备4）	-3.912	0.923	-0.029	-4.237	<0.001
大多通过社交网络结识（社交网络朋友种类2）	2.073	0.228	0.067	9.083	<0.001
两类人数相当（社交网络朋友种类3）	1.953	0.191	0.070	10.203	<0.001

注：$F=150.022$，$P<0.001$，$R^2=0.146$，B 表示非标准化系数，β 表示标准化系数。

(4)大学生社交网络暴力的多因素分析

把社会人口学资料和社交网络使用资料中的所有变量作为自变量,以大学生社交网络暴力为因变量,进行多元线性回归分析($\alpha_{入}<0.05$,$\alpha_{出}>0.1$),自变量赋值情况见表3-2。大学生社交网络暴力多元回归结果显示,进入方程的变量有16个,分别是吸烟、社交网络自我呈现、每周使用社交网络天数、与父母的关系、性别、微信使用、年级、父母能满足物质需求、社交网络中朋友总数、每天使用社交网络时间、使用社交网络时间、登录方式为电脑与平板电脑及其他、社交网络朋友种类为大多通过社交网络结识、两类人数相当。统计值 $F=368.614$,$P<0.001$,表明该多元回归方程是具有统计学意义的。调整系数 $R^2=0.268$,表明进入上述方程的16个因素可以解释社交网络暴力总变异的26.8%,具体见表3-28。

表3-28　社交网络暴力的多因素分析

变量	B	SE	β	t	P
吸烟	0.484	0.036	0.090	13.275	<0.001
社交网络自我呈现	0.041	0.002	0.160	23.854	<0.001
每周使用社交网络天数	-0.218	0.020	-0.080	-10.917	<0.001
与父母的关系	-0.244	0.019	-0.087	-12.664	<0.001
性别	-0.479	0.028	-0.117	-17.224	<0.001
微信使用	-0.239	0.031	-0.050	-7.755	<0.001
年级	0.072	0.010	0.044	6.897	<0.001
父母能满足物质需求	-0.186	0.021	-0.061	-8.937	<0.001
社交网络中朋友总数	0.043	0.011	0.026	3.828	<0.001
每天使用社交网络时间	0.052	0.010	0.035	5.043	<0.001
使用社交网络时间	0.031	0.015	0.014	2.062	0.039
电脑登录(登录设备2)	0.289	0.057	0.032	5.038	<0.001
平板电脑登录(登录设备3)	0.898	0.076	0.078	11.775	<0.001
其他方式登录(登录设备4)	0.901	0.217	0.026	4.151	<0.001

续表

变量	B	SE	β	t	P
大多通过社交网络结识（社交网络朋友种类2）	2.238	0.054	0.285	41.645	<0.001
两类人数相当（社交网络朋友种类3）	0.382	0.045	0.054	8.484	<0.001

注：$F=368.614$，$P<0.001$，$R^2=0.268$，B 表示非标准化系数，β 表示标准化系数。

（5）大学生领悟社会支持的多因素分析

把社会人口学资料和社交网络使用资料中的所有变量作为自变量，以大学生领悟社会支持为因变量，进行多元线性回归分析（$\alpha_{入}<0.05$，$\alpha_{出}>0.1$），自变量赋值情况见表3－2。大学生领悟社会支持多元回归结果显示，进入方程的变量有17个，分别是与父母的关系、每周使用社交网络天数、父母能满足物质需求、性别、社交网络成瘾、有困难愿意告诉父母、社交网络中朋友总数、吸烟、微信使用、父母能理解自己的想法、年级、每天使用社交网络时间、每周体育锻炼时间、登录方式为电脑及平板电脑、社交网络朋友种类为大多通过社交网络结识与两类人数相当。统计值 $F=306.535$，$P<0.001$，表明该多元回归方程是具有统计学意义的。调整系数 $R^2=0.251$，表明进入上述方程的17个因素可以解释领悟社会支持总变异的25.1%，具体见表3－29。

表3－29　领悟社会支持的多因素分析

变量	B	SE	β	t	P
与父母的关系	2.946	0.139	0.154	21.249	<0.001
每周使用社交网络天数	2.052	0.134	0.110	15.314	<0.001
父母能满足物质需求	1.763	0.147	0.084	12.022	<0.001
性别	2.339	0.193	0.083	12.118	<0.001
社交网络成瘾	−0.221	0.018	−0.083	−12.562	<0.001
有困难愿意告诉父母	1.727	0.139	0.090	12.440	<0.001
社交网络中朋友总数	0.928	0.077	0.081	11.980	<0.001

续表

变量	B	SE	β	t	P
吸烟	-1.809	0.255	-0.049	-7.104	<0.001
微信使用	0.855	0.214	0.026	4.005	<0.001
父母能理解自己的想法	1.601	0.155	0.079	10.313	<0.001
年级	-0.293	0.074	-0.026	-3.948	<0.001
每天使用社交网络的时间	0.750	0.104	0.051	7.236	<0.001
每周体育锻炼时间	0.435	0.082	0.035	5.312	<0.001
电脑登录(登录设备2)	-1.846	0.398	-0.030	-4.642	<0.001
平板电脑登录(登录设备3)	-4.886	0.526	-0.062	-9.281	<0.001
大多通过社交网络结识(社交网络朋友种类2)	-8.657	0.375	-0.161	-23.112	<0.001
两类人数相当(社交网络朋友种类3)	-2.273	0.311	-0.047	-7.300	<0.001

注:$F=306.535$,$P<0.001$,$R^2=0.251$,B 表示非标准化系数,β 表示标准化系数。

(6)大学生孤独的多因素分析

把社会人口学资料和社交网络使用资料中的所有变量作为自变量,以大学生孤独为因变量,进行多元线性回归分析($\alpha_{入}<0.05$,$\alpha_{出}>0.1$),自变量赋值情况见表3-2。大学生孤独多元回归结果显示,进入方程的变量有20个,分别是社交网络成瘾、与父母的关系、社交网络中朋友总数、每周使用社交网络天数、学习压力、吸烟、微信使用、父母能满足物质需求、每周体育锻炼时间、父母能理解自己的想法、年级、课堂使用社交网络状况、每天使用社交网络时间、QQ空间使用、使用社交网络的时间、有困难愿意告诉父母、登录方式为电脑及平板电脑、社交网络朋友种类为大多通过社交网络结识与两类人数相当。统计值 $F=219.364$,$P<0.001$,这表明多元回归方程具有统计学意义。调整系数 $R^2=0.201$,表明进入上述方程的20个因素可以解释孤独总变异的20.1%,具体见表3-30。

表 3－30　孤独的多因素分析

变量	B	SE	β	t	P
社交网络成瘾	0.239	0.006	0.296	42.126	<0.001
与父母的关系	－0.650	0.044	－0.111	－14.932	<0.001
社交网络中朋友总数	－0.343	0.024	－0.099	－14.051	<0.001
每周使用社交网络天数	－0.220	0.044	－0.039	－5.014	<0.001
学习压力	0.447	0.043	0.068	10.340	<0.001
吸烟	0.370	0.077	0.033	4.833	<0.001
微信使用	－0.299	0.067	－0.030	－4.468	<0.001
父母能满足物质需求	－0.216	0.046	－0.034	－4.702	<0.001
每周体育锻炼时间	－0.175	0.025	－0.046	－6.904	<0.001
父母能理解自己的想法	－0.262	0.049	－0.043	－5.368	<0.001
年级	0.080	0.023	0.024	3.443	0.001
每天使用社交网络时间	－0.123	0.023	－0.041	－5.446	<0.001
课堂使用社交网络状况	0.171	0.039	0.032	4.405	<0.001
QQ 空间使用	0.271	0.060	0.030	4.496	<0.001
使用社交网络的时间	－0.095	0.033	－0.021	－2.912	0.004
有困难愿意告诉父母	－0.153	0.044	－0.026	－3.524	<0.001
电脑登录（登录设备 2）	0.546	0.124	0.029	4.392	<0.001
平板电脑登录（登录设备 3）	0.828	0.166	0.034	5.000	<0.001
大多通过社交网络结识（社交网络朋友种类 2）	1.711	0.118	0.105	14.537	<0.001
两类人数相当（社交网络朋友种类 3）	0.390	0.098	0.026	3.995	<0.001

注：$F=219.364$，$P<0.001$，$R^2=0.201$，B 表示非标准化系数，β 表示标准化系数。

（7）大学生抑郁的多因素分析

把社会人口学资料和社交网络使用资料中的所有变量作为自变量，以大学生抑郁为因变量，进行多元线性回归分析（$\alpha_{入}<0.05$，$\alpha_{出}>0.1$），自变量赋值情况见表 3－2。大学生抑郁多元回归结果显示，进入方程的变量有 20 个，分别是孤独、社交网络暴力、领悟社会支持、社交网络成瘾、吸烟、每周使用社交网络天数、社交网络自我呈现、学习压力、母亲文化程度、微信使用、与父母的关系、有困难愿意告诉父母、年级、每周体育锻炼时间、每天使用社交网络时间，登录方式为电脑与平板电脑及其他，社交网络朋友种类为大多通过社交网络结识与两类人数相当。统计值 $F=756.424$，$P<0.001$，表明该多元回归方程是具有统计学意义的。调整系数 $R^2=0.487$，表明进入上述方程的20个因素，可以解释抑郁总变异的48.7%，具体见表3－31。

表3－31　抑郁的多因素分析

变量	B	SE	β	t	P
孤独	0.848	0.014	0.364	58.781	<0.001
社交网络暴力	0.666	0.031	0.137	21.670	<0.001
领悟社会支持	−0.122	0.005	−0.172	−26.586	<0.001
社交网络成瘾	0.330	0.011	0.175	28.938	<0.001
吸烟	1.617	0.143	0.062	11.276	<0.001
每周使用社交网络天数	−0.828	0.079	−0.062	−10.422	<0.001
社交网络自我呈现	0.045	0.007	0.037	6.327	<0.001
学习压力	0.747	0.081	0.049	9.196	<0.001
母亲文化程度	0.333	0.080	0.024	4.139	<0.001
微信使用	−0.360	0.125	−0.016	−2.874	0.004
有困难愿意告诉父母	−0.339	0.078	−0.025	−4.345	<0.001
与父母的关系	−0.197	0.080	−0.014	−2.459	0.014
年级	−0.203	0.043	−0.026	−4.774	<0.001
每周体育锻炼时间	−0.118	0.047	−0.013	−2.495	0.013
每天使用社交网络时间	0.093	0.042	0.013	2.216	0.027
电脑登录（登录设备2）	0.854	0.233	0.019	3.661	<0.001
平板电脑登录（登录设备3）	1.385	0.312	0.025	4.440	<0.001
其他方式登录（登录设备4）	4.726	0.883	0.028	5.354	<0.001
大多通过社交网络结识（社交网络朋友种类2）	2.253	0.230	0.059	9.794	<0.001
两类人数相当（社交网络朋友种类3）	0.774	0.183	0.022	4.227	<0.001

注：$F=756.424$，$P<0.001$，$R^2=0.487$，B 表示非标准化系数，β 表示标准化系数。

3.3 讨论

3.3.1 大学生抑郁、社交网络使用、领悟社会支持及孤独现状

1. 大学生抑郁现状

本研究利用 CES-D 抑郁量表对被抽取的大学生进行了抑郁症状的测量，为了便于叙述，本研究中所提到的大学生抑郁实际上均指的是大学生抑郁症状。研究结果显示，大学生抑郁的平均值加减标准差（$M \pm SD$）为 16.5 ± 9.8，属较低水平，抑郁的发生率是 35.7%，其中男大学生的抑郁得分和抑郁率均比女生高，这与以往的多数研究结果不太一致。Elhai 等通过回顾大量已有文献发现，大多数研究均认为社交网络的使用与抑郁症严重程度相关，且影响程度处于中等水平[156]。有学者对来自 8 所高校的 1205 名本科生进行的调查显示，被调查者中抑郁的发生率为 15.4%，其中社交网络成瘾者中抑郁的发生率为 36.2%，可见在大学生群体中抑郁的发生率较高，网络成瘾者尤甚[157]。调查显示，与女大学生相比，男大学生更热衷于网络游戏，也更容易沉迷于网络游戏而成为网络成瘾者，网络成瘾者更容易产生抑郁情绪[158-159]。另外，相对于女大学生而言，男大学生遇到不良情绪时更倾向于自我忍耐或者自我化解，获得的社会支持可能会更少，由此孤独感可能会更强，更容易产生抑郁情绪[160]。本研究中男生比女生有更高的孤独得分和更低的领悟社会支持得分，印证了这一结论。社交网络的使用与焦虑、抑郁等心理问题显著相关，而且抑郁症状与网络社交活动的关系也存在着交互作用[161]，就是说，抑郁症状得分高的大学生更可能发布网络动态和参与到网络社交活动之中。樊琳等人的研究则表明抑郁的产生与社交网络的使用关联性不强，而与使用主体的心理状态显著相关，例如妒忌和攀比[162]。

2. 大学生社交网络使用现状

（1）大学生网络成瘾现状

研究结果显示，陕西省大学生网络成瘾的平均值加减标准方差为 1.7 ± 1.8，属于低等水平；陕西省大学生网络成瘾率为 8.2%，其中男大学生的网络成瘾率为 8.8%，女大学生的网络成瘾率为 7.7%。这与以往研究结果基本相似[163]。有学者使用网络成瘾量表对黑龙江省 1000 名大学生进行调查，结果显示，其网络成瘾平均值为 2.1，显著低于理论中值 2.5（$t = -26.826, P < 0.05$）。这表明在网络如此普及的情况下，大学生网络成瘾虽然没有想象中那么严重，但也不容忽视。张敏等对南通市 4168 名大学生进行调查，结果显示，大学生的上网率为 100%，而网络成瘾率为 10.8%[163]。高校大学生是较容易沉迷于网络的一个群体，因为他们自由时间较多，且更容易以研究和学习为借口掩盖网络成瘾。网络成瘾作为一个公共卫生问题，正在逐渐成为显著影响在校大学生身心健康的因素之一，应当受到高校教育管理部门的密切关注。

同时，研究结果显示，女大学生的网络成瘾得分要显著高于男大学生（$P < 0.05$），与以往的研究并不一致。可能的原因是网络购物逐渐成为大学生重要的消费方式之一，而女大学生的网络消费倾向会比男大学生高。以往研究显示，随着年级的不断升高、家庭经济水平的不断向好，网络成瘾率呈现出不断递增的趋势（$P < 0.05$）[163]，这与本研究的结果相一致。原因可能是，高年级大学生已经从基础课学习逐渐转向专业课学习，也完全适应了大学生活，可以自由支配的时间更多，网络使用率也更高。

（2）大学生社交网络成瘾现状

研究结果显示，大学生社交网络成瘾的平均值加减标准方差为 19.7 ± 5.2，属中等水平，这与以往研究结果基本相似[26,50,164]。一项最新调查显示，在 6468 名青少年中，网络成瘾率为 26.5%，重度成瘾率为 0.96%，其中 97.9% 的网络成瘾者（包括轻度和重度）经常性使用社交网络[50]。Kanyinga 等的研究表明，频繁使用社交网络的青少年更容易被归类为网络成瘾,并表现出更高的社会心理压力[26]。这均在一定程度上表明,由社交网络高使用率所致的成瘾现象已经不容忽视。社交网络成瘾是网络成瘾的一种特殊形式,研究证明,其对个体的人际关系、学习工作、心理健康等都有显著的负向影响[164]。在使用社交网络的强烈动机的驱使下,社交网络成瘾者会过度关注社交网络,并花费大量的时间和精力在社交网络上,从而会对个体产生各种负面影响[165-166]。

(3)大学生社交网络自我呈现现状

研究结果显示,大学生社交网络自我呈现的平均值加减标准方差为 38.2 ± 8.0,属中等偏上水平。冯媛媛对 500 名大学生进行问卷调查,结果显示大学生社交网络自我呈现的水平处于中等偏上水平,社交网络自我呈现会被社交网络使用时间显著影响,这与本研究的结果相一致[167]。丁倩等在调查了 692 名大学生后,发现过度自我导向可以正向预测社交网络成瘾,这在一定程度上说明自我导向的程度将影响个体对社交网络的使用强度和使用频率[168]。

(4)大学生社交网络暴力现状

研究结果显示,大学生社交网络暴力的平均值加减标准方差为 5.4 ± 2.0,属低等水平。不同性别、不同年级的大学生社交网络暴力的差异显著($P < 0.05$)。以往研究认为,男生具有较强的个性特征,较容易在交流中产生摩擦进而倾向于使用社交网络暴力[169],这与本研究结果相一致。而不同年级的学生由于学业压力及思想独立性等差异,社交网络暴力的程度存在显著差异。朱鹤等通过对 781 位在校大学生进行问卷调查得出,有 306 人(约 39.2%)参与过社交网络暴力[170],这与本研究结果中大学生社交网络暴力的现状基本相符。大学生较强的学习和模仿能力,使其在面对现实生活中的欺凌时有可能转向在网络上进行发泄,从而演变为社交网络暴力的参与者。

3. 大学生领悟社会支持现状

研究结果显示,大学生领悟社会支持的平均值加减标准方差为 62.2 ±

13.9，属较高水平。王颖宏等的调查显示，大学生领悟社会支持的平均值加减标准方差为64.8±10.8，超过一半大学生（67.6%）的领悟社会支持水平处于一种高水平状态，大学生的专业不同，领悟社会支持水平也不相同，且差异性非常显著（$t=-2.560, P<0.05$）[171]，本研究结果与此基本一致。在本研究中，学习压力不同的大学生，其领悟社会支持的能力不同，可能的原因是承受一般学习压力的大学生对于情感的认知更为平和准确，明白获得老师、同学、亲戚等各种支持的重要性，更愿意去寻求他们的帮助。领悟社会支持能够持续性地调节大学生的心理健康，能够减弱不良负性影响。在一定程度上，在对心理健康的影响方面，感知的社会支持要比实际的社会支持更强。与男性大学生相比，女性大学生的领悟社会支持与心理健康之间的关系更加密切[172]，与本研究的结果是一致的，可能的原因为在日常社交中，女生的认知更为敏感，更倾向于向多方寻求帮助，更倾向于感知身边环境及社会多方给予的帮助。

4. 大学生孤独现状

研究结果显示，大学生孤独的平均值加减标准方差为16.3±4.2，属中等水平，与以往研究基本一致。张志云对上海市的大学生进行问卷调查，结果显示大学生属于一般性孤独，孤独感的总体水平处在中等水平[173]。有学者研究认为，62%的大学生具有经常或者偶尔的群居孤独感。大学生社交网络使用与孤独感有显著的相关性，这与本研究结果基本一致。研究表明，越喜欢社交网络的大学生，越容易感受到孤独，这意味着正向的网络社交态度会对孤独产生直接效应[174]。研究显示，性别、年级、社会因素等都是影响大学生孤独感的重要影响因素，这与本研究的结果是一致的。

3.3.2 大学生每天使用社交网络时间与抑郁程度的关系

本研究的一个重要发现是,大学生抑郁在社交网络使用时间为 3 ~4 时/天时呈现最低水平。当社交网络使用时间小于 3 时/天时,抑郁水平呈下降趋势;而当社交网络使用时间超过 4 时/天时,抑郁水平急剧上升。先前研究探讨了社交网络使用与抑郁的关系,虽然未探索社交网络的最佳使用时间,但均从侧面证实了本研究的结果[34,52,175-177]。Jose 等对大学生群体的调查发现,当过度使用网络发展为网络成瘾,则会与消极心理特征如抑郁等相关[175]。Steers 等发现男性对脸书的过度使用与抑郁症状相关,且该相关性是由社会比较所介导[176]。在合理的时间规划内使用社交网络,会使大学生的身心得到放松,并通过社交互动获得社交满足感,因此本研究中大学生的社交网络使用时间小于 3 ~4 时/天时,其抑郁水平呈下降趋势。但当社交网络使用时间过长时,大学生会对时间管理产生失控感,导致规划内的事情不能有效完成,这种负性体验可能导致大学生负性心理如抑郁的产生;同时,Steers 等认为在社交网络中人们会进行有意或无意的社会比较,这也是过度使用社交网络导致抑郁的因素之一[176]。因此本研究中大学生的社交网络使用时间大于 4 时/天时,其抑郁水平呈急剧上升趋势。与本研究结果类似,Boonvisudhi 对泰国医科学生的研究发现,网络成瘾大学生的抑郁发生率是正常上网大学生的 1.58 倍[52];Primack 等对 1787 名美国年轻人进行全国性抽样调查发现,使用 7 ~11 个社交媒体平台的参与者抑郁发病率是使用 0 ~2 个社交媒体平台参与者的 3 倍[34],以上发现均说明不合理的社交网络使用时间会增加抑郁发生率。此外本研究还发现,大学生孤独在社交网络使用时间为 3 ~4 时/天时呈现最低水平,大学生领悟社会支持在社交网络使用时间为 3 ~4 时/天时呈现最高水平,均是线性图的拐点。先前研究认为领悟社会支持水平可以负向预测抑郁[118],而孤独可以正向预测抑郁,本研究中抑郁、孤独、领悟社会支持与每天使用社交网络时间的关系均在同一个区段出现拐点，且三者各区段走向一致，这进一步说明了孤独、领悟社会支持与抑郁之间的显著关联性，亦多方佐证了“大学生抑郁在社交网络使用时间为 3 ~4 时/天时呈现最低水平”这一结论的可靠性。

3.3.3　大学生抑郁与社交网络使用、领悟社会支持、孤独的相关性分析

本研究相关分析结果显示，社交网络成瘾、孤独都与抑郁存在着显著的正相关关系。这证明了本研究的假设 1 和假设 2。以往研究发现，在青少年群体中，手机成瘾、网络成瘾与孤独均呈现正相关关系，手机成瘾、网络成瘾与抑郁也均存在着正相关关系，且就抑郁水平而言，网络成瘾者要显著比非成瘾者高。孤独感与抑郁情绪之间也存在着显著的正相关关系，网络成瘾会对青少年的身心健康带来不良影响，网络成瘾的严重程度对抑郁的严重程度具有一定的预测作用[178]，这与本研究结果相一致。因为网络成瘾的大学生面临着网络与现实的严重冲突，很容易用虚拟的网络世界和网络关系代替现实世界和真实的社交关系，这样不仅会损害现实中的社交关系，还会给学习带来很大影响，大学生的负面情绪体验则容易被不顺利的学习和生活所激发。

本研究结果显示，社交网络暴力与抑郁之间存在着显著的正相关关系。这证明了本研究的假设 3。以往研究发现，网络暴力受害者（与非受害者相比）报告了更高的抑郁、孤独水平[97]，而本研究再次证实了网络暴力与抑郁的关系，但其相互作用及路径关系还需要进一步探索。此外，本研究发现社交网络自我呈现与抑郁及除积极情绪之外的其他各维度之间均呈现正相关的关系，与积极情绪呈显著负相关关系。这证明了本研究的假设 4。先前有研究认为，大学生在社交媒体如朋友圈中的自我呈现可激励大学生的积极行为，缓解不良情绪，但过度的自我呈现行为易导致焦虑、抑郁等心理问题，增加大学生的社交压力。

这说明合理的社交网络中的自我呈现,对大学生的心理健康是有益的,可以激发良性作用,但不恰当的自我呈现容易对大学生的人际关系造成困扰,从而也会对其心理带来负面影响。

本研究发现领悟社会支持与抑郁呈现负相关的关系,这证明了本研究的假设5,也与其他研究结论一致,即领悟社会支持对大学生心理健康是有促进作用的,可以抵制甚至消减负性情绪的发生。社会交往不顺畅、人际关系不和谐等是大学生产生抑郁的主要因素之一。良好的领悟社会支持可以促进人际交流,可以丰富大学生的社会关系,这有利于化解抑郁情绪,促进心理健康。

3.3.4 大学生抑郁、社交网络使用、领悟社会支持及孤独的影响因素分析

1. 大学生抑郁影响因素分析

本研究结果显示,孤独、社交网络暴力、领悟社会支持、社交网络成瘾、吸烟、每周使用社交网络天数、社交网络自我呈现、学习压力、父母文化程度、微信使用、有困难愿意告诉父母、与父母的关系、年级、每周体育锻炼时间、每天使用社交网络时间、登录方式为电脑与平板电脑及其他、社交网络朋友种类为大多通过社交网络结识与两类人数相当及不清楚是大学生抑郁的主要影响因素。这与以往研究结果一致,社交网络成瘾、社交网络使用时间、年级等都是抑郁的预测因素[36],学习压力、网络暴力、孤独等与抑郁显著正相关[88,101],是否吸烟、家庭关系等也是抑郁的主要影响因素。

2. 大学生社交网络使用影响因素分析

(1)大学生网络成瘾影响因素分析

本研究结果显示，课堂使用社交网络状况、与父母的关系、父母能够理解自己的想法、学习压力、吸烟、每周体育锻炼时间、父母能满足物质需求、社交网络中朋友总数、父亲文化程度、身体质量指数、性别、每周使用社交网络天数、登录方式为电脑、社交网络朋友种类为大多通过社交网络结识与两类人数相当及不清楚是大学生网络成瘾的主要影响因素。以往研究也发现性别、学习压力、上网时间、家庭教养方式等是网络成瘾的影响因素，男生比女生更容易成瘾，学习压力大的学生比一般学生更容易成瘾，与父母关系不好者容易成瘾[54-55]。

(2)大学生社交网络成瘾影响因素分析

本研究结果显示，课堂使用社交网络状况、与父母的关系、父母能够理解自己的想法、学习压力、吸烟、每周体育锻炼时间、父母能满足物质需求、社交网络中朋友总数、父亲文化程度、身体质量指数、性别、每周使用社交网络天数、登录方式为电脑、社交网络朋友种类为大多通过社交网络结识与两类人数相当及不清楚是大学生社交网络成瘾的主要影响因素。社交网络成瘾是网络成瘾的类型之一，以往研究表明，网络成瘾与性别、学习压力、家庭关系等相关[179]，上网时间和上网强度以及是否吸烟都是网络成瘾的影响因素[57]，这与以往研究结果相一致。

(3)大学生社交网络自我呈现影响因素分析

本研究结果显示，每天使用社交网络时间、社交网络中朋友总数、家庭年收入、有困难愿意告诉父母、使用社交网络时间、母亲文化程度、年级、微信使用、性别、吸烟、QQ 空间使用、与父母的关系、父亲文化程度、学习压力、每周体育锻炼时间、每周使用社交网络天数、登录方式为平板电脑及其他、社交网络朋友种类为大多通过社交网络结识及两类人数相当是大学生自我呈现的主要影响因素。以往研究发现,社交网络中的自我呈现在性别上存在着差异[75],大学生的家庭收入、年级以及社交网络使用强度、社交网络使用时间等都是社交网络中自我呈现的影响因素[168][180],且家庭教养方式与自我呈现具有显著的相关性,这与本研究的结果一致[181]。

(4)大学生社交网络暴力影响因素分析

本研究结果显示,吸烟、社交网络自我呈现、每周使用社交网络天数、与父母的关系、性别、微信使用、年级、父母能满足物质需求、社交网络中朋友总数、每天使用社交网络时间、登录方式为电脑与平板电脑及其他、社交网络朋友种类为大多通过社交网络结识与两类人数相当及不清楚是大学生社交网络暴力的主要影响因素。以往研究发现社交网络暴力存在着性别差异,男生比女生更容易遭受网络暴力,也更容易实施网络暴力[83],以往研究还发现青少年通过社交网络和移动设备使用互联网的频率越高,他们经受网络暴力的风险就越高[85],且不恰当的社交网络使用可以显著预测网络暴力[86],家庭因素比如亲子关系、家庭教养也与网络暴力显著相关,这与本研究的结果一致。

3. 大学生领悟社会支持影响因素分析

本研究结果显示,与父母的关系、每周使用社交网络天数、父母能满足物质需求、性别、社交网络成瘾、有困难愿意告诉父母、社交网络中朋友总数、吸烟、微信使用、父母能理解自己的想法、年级、每天使用社交网络时间、每周体育锻炼时间、登录方式为电脑及平板电脑,社交网络朋友种类为大多通过社交网络结识、两类人数相当及不清楚是大学生领悟社会支持的主要影响因素。以往研究也发现领悟社会支持在性别上存在差异,女生得分比男生高[182],社交网络成瘾与领悟社会支持显著相关[117],家庭关系也是领悟社会支持的影响因素,家庭关系越好得分越高,这与本研究的结果一致。

4. 大学生孤独影响因素分析

本研究结果显示,社交网络成瘾、与父母的关系、社交网络中朋友总数、每周使用社交网络天数、学习压力、吸烟、微信使用、父母能满足物质需求、每周体育锻炼次数、父母能理解自己的想法、年级、每天使用社交网络时间、课堂使用社交网络状况、QQ 空间使用、使用社交网络的时间、有困难愿意告诉父母、登录方式为电脑及平板电脑、社交网络朋友种类为大多通过社交网络结识与两类人数相当及不清楚是大学生孤独的主要影响因素。以往研究表明,社交网络成瘾、社交网络使用时间、每天上网时间等都是孤独的预测因素,家庭支持、家庭关系、学习情况、是否吸烟等都与孤独相关[183],这与本研究结果一致。

第四章　基于中介效应的大学生社交网络使用与抑郁的关联机制及干预策略理论模型的构建研究

4.1　研究对象与方法

本部分的研究设计、样本量计算与研究对象、资料收集方式、研究指标、质量控制等与第三部分相同,具体详见第三部分的相关介绍。

4.1.1　统计分析方法

路径分析是一种基于样本数据验证假设因果模型是否有效、合理的实证性技术[186],它在数据分析的基础上利用因果解释和因果推论进行理论假设,进而产生因果模型[187]。本研究基于中介分析方法原理,主要分析自变量微信使用、每天使用社交网络时间、社交网络成瘾等社交网络使用暴露因素通过中介变量领悟社会支持、孤独、社交网络暴力等中介因素,与因变量(结局变量)抑郁之间可能存在的多条关联路径。

1. 变量间相关分析

本研究对观察数据和量表的潜变量进行相关性分析,依据 Spearmen 相关系数判断自变量微信使用、每天使用社交网络时间、社交网络成瘾等社交网络使用暴露因素和因变量抑郁之间的相关性，自变量微信使用、每天使用社交网络时间、社交网络成瘾等社交网络使用暴露因素与中介变量领悟社会支持、孤独、社交网络暴力之间的相关性，中介变量领悟社会支持、孤独、社交网络暴力与因变量抑郁之间的相关性，以及各种相关性是否具有统计学意义。在此基础上开展中介效应分析，探讨三种相关性之间可能存在的潜在结构。

2. 中介效应分析

（1）单中介分析

单中介分析用来检验自变量如何通过中介变量对因变量产生影响，在本研究中用于检验微信使用、每天使用社交网络时间、社交网络成瘾等社交网络使用暴露因素和抑郁之间的关联性中领悟社会支持、孤独、社交网络暴力等每个中介因素的作用。用统计分析系统 SAS 的 causalmed 过程步（反事实框架下基于回归的方法）来估计微信使用、每天使用社交网络时间、社交网络成瘾等社交网络使用暴露因素对因变量抑郁的直接效应，以及通过领悟社会支持、孤独、社交网络暴力每个潜在中介变量产生的间接影响。除了间接效应和它的 95% 置信区间（95% CI）以外，还要用 100% ×间接效应/（直接效应 + 间接效应）来计算间接效应的百分比。

本研究中使用了结构方程模型进行中介效应模型的建立。所建立的模型与实际数据的符合程度主要由结构方程模型的拟合程度来反映，模型的拟合程度主要用拟合优度指标进行评价。一般情况下，为了保证模型的适配度，需要综合多种指标来评价结构方程模型的拟合程度。当单一的指标未达到标准时，不能仅根据单一指标下定结论，而是应该进一步结合其他指标进行综合评价。本研究选取拟合优度指数 GFI、比较拟合指数 CFI、均方根误差逼近度 RMSEA，如果 GFI、CFI >0.90，RMSEA <0.08，表明模型适配良好。

中介效应检验程序近几年被广泛参考和使用。本研究中的中介效应的检验也采用该程序。在该程序中，检验中介效应是否存在实际是检验其中的中介路径是否存在，也就是检验自变量对中介变量的回归系数（a）和中介变量对因变量的回归系数(b)之间的乘积是否显著。若 $a \times b$ 是显著的,则表明中介路径是存在的,若 $a \times b$ 是不显著的,则表明中介路径是不存在的。在该程序中,研判中介效应是否存在,不需要先对主效应(c)进行检验。

检验 $a \times b$ 是否显著的方法包括多种,比如 Sobel 检验法、乘积分布法、马尔科夫链蒙特卡洛法(Markov Chain Monte Carlo, MCMC)等。不少学者建议使用自助抽样法(Bootstrap Method)进行中介检验。自助抽样法的原理和步骤如下:第一步,在原样本量为 n 的基础上,随机重复抽取 n 个样本;第二步,依据第一步抽取的 n 个样本,进行中介效应估计值的计算;第三步,将前两个步骤进行多次重复(记为 B),通常情况下为 5000 次,计算出 B 次中介效应估计值的均值,该均值则为中介效应的点估计值。同时,按照大小将 B 次中介效应的估计值进行排序,并记作序列 C。以序列 C 的第 2.5 百分位数和第 97.5 百分位数,来对中介效应的 95% CI 进行估计。这种自助抽样法被称为非参数百分位自助抽样法。这个方法中,默认序列 C 的中值,为原始的数据计算所得到的中介效应值,但是序列 C 的中值往往接近原始数据的中介效应值,并不一定等于原始数据的中介效应值。鉴于此,偏差校正的非参数百分位自助抽样法被有关学者提出,该方法通过调查序列 C 的百分位点对上述问题加以纠正。本研究采用的是偏差校正的非参数百分位自助抽样法。在本方法中,如果 0 不被 95% CI 所包括,则表明中介效应值是具有统计学意义的。

在本研究中,使用上述中介效应模型的构建方法作以下分析:①分别分析领悟社会支持、孤独、社交网络暴力在微信使用、每天使用社交网络时间、社交网络成瘾(三个暴露因素作为反映社交网络使用的指标)和抑郁之间的中介作用。以三个暴露因素为自变量,以领悟社会支持、孤独、社交网络暴力为中介变量,抑郁为因变量,分别构建对应的中介效应模型。利用 AMOS(Analysis of Moment Structure)软件计算三个暴露因素分别对中介变量领悟社会支持、孤独、社交网络暴力的直接效应和总效应,中介变量领悟社会支持、孤独、社交网络暴力对因变量抑郁的直接效应和总效应,以及三个暴露因素对因变量抑郁的直接效应、间接效应和总效应。②分别分析领悟社会支持、孤独、社交网络暴力在社交网络自我呈现和抑郁之间的中介作用:以社交网络自我呈现为自变量,分别以领悟社会支持、孤独、社交网络暴力为中介变量，抑郁为因变量，构建中介效应模型。利用AMOS软件分别计算自变量社交网络自我呈现对中介变量领悟社会支持、孤独、社交网络暴力的直接效应，中介变量领悟社会支持、孤独、社交网络暴力对因变量抑郁的直接效应，以及自变量社交网络自我呈现对因变量抑郁的直接效应、间接效应和总效应。

（2）多中介分析

研究通过AMOS中的结构方程模型（Structural Equation Modeling，SEM）来构建因果关系网络。SEM可以处理多个因变量和潜变量问题，揭示复杂关系，深入了解不同水平（例如，远侧与近侧）中介的因果链，并纳入测量误差。由于中介分析具有探索性，我们将单中介分析的统计显著性水平设置为0.05，多中介分析的统计显著性水平设置为0.1，以使因果关系网络更具包容性。在本研究中，采用上述方法进行以下分析研究：①进行微信使用与抑郁之间的多个中介变量的中介效应分析。以微信使用为自变量，以领悟社会支持、孤独、社交网络暴力为中介变量，以抑郁为因变量，构建中介效应模型，分析微信使用通过影响领悟社会支持、社交网络暴力、孤独三个中介变量，进而影响抑郁水平的各个路径。利用AMOS软件计算各个路径的效应量及效应量百分比等各个数值。②每天使用社交网络时间与抑郁之间的多个中介变量的中介效应分析。以每天使用社交网络时间为自变量，以领悟社会支持、孤独、社交网络暴力为中介变量，以抑郁为因变量，构建中介效应模型，分析每天使用社交网络时间通过影响领悟社会支持、社交网络暴力、孤独三个中介变量最终影响抑郁水平的各种可能路径。利用AMOS软件计算各个路径的效应量及效应量百分比等各个数值。③社交网络成瘾与抑郁之间的多个中介变量的中介效应分析。以社交网络成瘾为自变量，以领悟社会支持、孤独、社交网络暴力为中介变量，以抑郁为因变量，构建中介效应模型，分析社交网络成瘾通过影响领悟社会支持、社交网络暴力、孤独三个中介变量最终影响抑郁水平的各种可能路径。利用AMOS软件计算各个路径的效应量及效应量百分比等各个数值。④社交网络自我呈现与抑郁之间的多个中介变量的中介效应分析。以社交网络自我呈现为自变量，以领悟社会支持、孤独、社交网络暴力为中介变量，以抑郁为因变量，构建中介效应模型,分析社交网络自我呈现通过影响领悟社会支持、社交网络暴力、孤独三个中介变量最终影响抑郁水平的各种可能路径。利用 AMOS 软件计算各个路径的效应量及效应量百分比等各个数值。⑤微信使用、每天使用社交网络时间、社交网络成瘾、社交网络自我呈现与抑郁的多个中介变量的中介效应分析。以微信使用、每天使用社交网络时间、社交网络成瘾、社交网络自我呈现为自变量,以领悟社会支持、孤独、社交网络暴力为中介变量,以抑郁为因变量,构建整体中介效应模型,分析四个暴露因素通过影响领悟社会支持、社交网络暴力、孤独三个中介变量最终影响抑郁水平的各种可能路径。利用 AMOS 软件计算各个路径的效应量及效应量百分比等各个数值。

3. 干预策略理论模型的构建过程与方法

根据前文的理论基础,结合基于中介效应的社交网络使用对抑郁的作用路径和影响因素,构建基于社交网络使用的大学生抑郁干预策略理论模型。该理论模型的理论基础是认知行为理论、萨提亚模式之冰山理论、时间管理理论、团体辅导理论等,实证依据是大学生抑郁的影响因素及社交网络使用对大学生抑郁的影响路径,理论与实证有机融合、相互支撑,构建出基于社交网络使用的大学生抑郁干预策略理论模型。本研究构建的理论模型遵循大学生心理行为发展改变的一般规律,即要改变行为首先要改变认知,要改变认知首先要认识到危害,由内到外,由里及表,从重新认识社交网络对自我认知和行为的重塑,从对时间和个体生命的再认识、再评估到人际关系的改善和获取,从人际沟通和网络沟通技巧的提升到恰当的社会表达和网络表达,使得基于社交网络使用的大学生抑郁干预策略理论模型既有严密的理论基础又符合大学生发展提升规律。

4.1.2 技术路线

本研究基于实证资料分析和理论层面的构建,并结合研究的具体内容和目标,所设计规划的研究技术路线如图 4-1 所示。

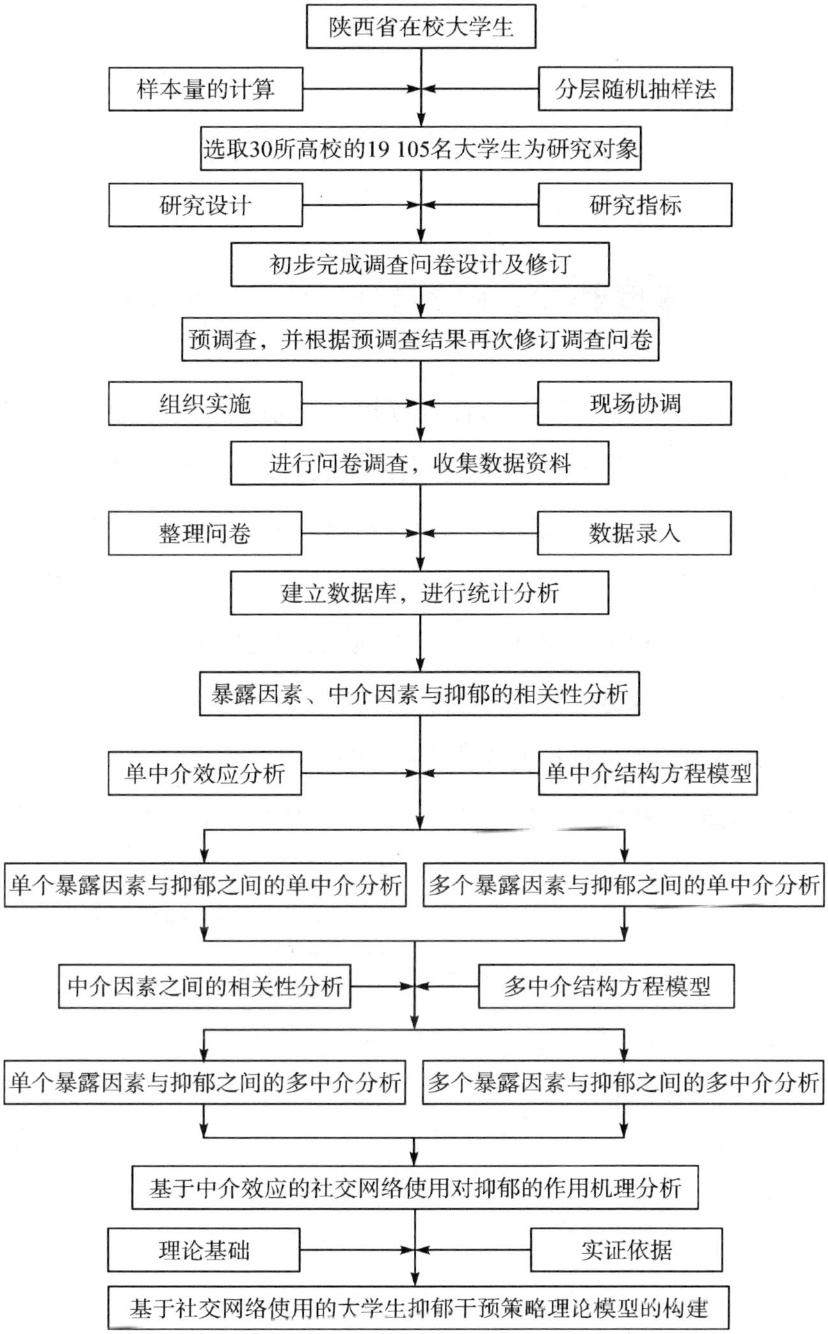

图 4－1　理论模型构建研究技术路线

4.2 结果

4.2.1 暴露因素、中介因素及抑郁之间的相关性分析

本研究运用 IBM SPSS22.0 软件进行相关性分析。对假说中的暴露因素(微信使用、每天使用社交网络时间、社交网络成瘾、社交网络自我呈现)与抑郁进行相关性分析,发现相关性皆显著,其中社交网络成瘾与抑郁的相关性最强(见表4-1)。对假说中的中介因素(领悟社会支持、孤独、社交网络暴力)与抑郁进行相关性分析,相关性皆显著,其中孤独与抑郁的相关性最强。同时将混杂因素(性别、年级、家庭年收入、身体质量指数、父亲的文化程度、母亲的文化程度)与结局变量抑郁进行相关性分析,发现性别、年级、父亲的文化程度与抑郁的相关性有意义,故在中介分析时应考虑其作为协变量对模型进行调整。

表4-1 暴露因素、中介因素、混杂因素与抑郁的相关分析

变量	Spearman 相关系数	*P*
暴露因素		
微信使用	-0.103	<0.001
每天使用社交网络时间	0.021	0.004
社交网络成瘾	0.399	<0.001
社交网络自我呈现	0.053	<0.001
中介因素		
领悟社会支持	-0.490	<0.001
孤独	0.591	<0.001
社交网络暴力	0.357	<0.001

续表

变量	Spearman 相关系数	P
混杂因素		
性别	-0.093	<0.001
年级	-0.019	<0.001
家庭年收入	-0.009	0.204
身体质量指数	0.012	0.100
父亲的文化程度	-0.026	<0.001
母亲的文化程度	-0.012	0.096

将暴露因素(微信使用、每天使用社交网络时间、社交网络成瘾、社交网络自我呈现)与中介因素(领悟社会支持、孤独、社交网络暴力)进行相关性分析,发现每天使用社交网络时间、社交网络自我呈现与孤独间相关性不显著(见表4-2),故在单因素多中介分析时,应不考虑它们。

表4-2　暴露与中介因素的相关结果

暴露因素与中介因素	Spearman 相关系数	P
微信使用与领悟社会支持	0.113	<0.001
微信使用与孤独	-0.084	<0.001
微信使用与社交网络暴力	-0.107	<0.001
每天使用社交网络时间与领悟社会支持	0.060	<0.001
每天使用社交网络时间与孤独	0.001	0.882
每天使用社交网络时间与社交网络暴力	0.017	0.022
社交网络成瘾与领悟社会支持	-0.220	<0.001
社交网络成瘾与孤独	0.344	<0.001
社交网络成瘾与社交网络暴力	0.294	<0.001
社交网络自我呈现与领悟社会支持	0.125	<0.001
社交网络自我呈现与孤独	0.007	0.316
社交网络自我呈现与社交网络暴力	0.162	<0.001

4.2.2 单个暴露因素与抑郁之间的单中介分析

在相关性分析的基础上，使用 SAS 9.4 软件进行分析。中介效应使用 SAS causalmed 进行分析。对假说中提到的中介途径一一进行单中介分析（排除上面无相关的路径，即孤独在每天使用社交网络时间、社交网络自我呈现与抑郁之间的中介作用），发现社交网络暴力在每天使用社交网络时间与抑郁之间的间接效应无意义、社交网络暴力在社交网络自我呈现与抑郁之间的直接效应无意义（见表 4－3）。

表 4－3 单个暴露因素单中介分析

自变量	中介变量	总效应	直接效应	间接效应	间接效应占比/%
微信使用	领悟社会支持	2.567* （0.241～2.892）	1.318* （1.026～1.611）	1.248* （1.097～1.400）	48.637
	孤独	2.567* （0.241～2.892）	1.505* （1.239～1.772）	1.062* （0.872～1.251）	41.357
	社交网络暴力	2.567* （2.241～2.892）	1.331* （1.189～1.473）	1.331* （1.189～1.473）	51.845
每天使用社交网络时间	领悟社会支持	0.185* （0.085～0.285）	0.427* （0.338～0.515）	－0.242* （－0.288～－0.195）	－130.55
	社交网络暴力	0.185* （0.085～0.285）	0.168* （0.078～0.259）	0.017 （－0.026～0.059）	9.025
社交网络成瘾	领悟社会支持	－7.849* （－8.222～－7.476）	－7.097* （－7.429～－6.766）	－0.751* （－0.925～－0.578）	9.573
	孤独	－7.849* （－8.222～－7.476）	－4.713* （－5.030～－4.396）	－3.1357* （－3.354～－2.918）	39.951
	社交网络暴力	－7.849* （－8.222～－7.476）	－5.495* （－5.847～－5.141）	－2.354* （－2.519～－2.189）	29.995

续表

自变量	中介变量	总效应	直接效应	间接效应	间接效应占比/%
社交网络自我呈现	领悟社会支持	0.079* (0.062~0.097)	0.182* (0.166~0.197)	-0.103* (-0.112~-0.094)	-129.68
	社交网络暴力	0.079* (0.062~0.097)	-0.013 (-0.029~0.003)	0.092* (0.085~0.100)	116.74

*表示效应在0.050的水平上有统计学意义。

考虑混杂因素进一步进行单中介分析，此时仍发现社交网络暴力在社交网络自我呈现与抑郁之间的直接效应无意义，而社交网络暴力在每天使用社交网络时间与抑郁之间的间接效应有意义（见表4-4）。综上，在多个中介分析时纳入的因果路径如图4-2所示。

表4-4　矫正混杂因素的单中介分析（混杂因素为性别、年级）

自变量	中介变量	总效应	直接效应	间接效应	间接效应占比/%
微信使用	领悟社会支持	2.348* (2.018~2.673)	1.238* (0.943~1.533)	1.108* (0.959~1.256)	47.218
	孤独	2.346* (2.018~2.673)	1.279* (1.012~1.547)	1.067* (0.877~1.257)	45.483
	社交网络暴力	2.346* (2.018~2.673)	1.145* (0.843~1.446)	1.201* (1.062~1.340)	51.208
每天使用社交网络时间	领悟社会支持	0.298* (0.199~0.399)	0.476* (0.386~0.565)	-0.177* (-0.223~-0.131)	-59.384
	社交网络暴力	0.298* (0.198~0.399)	0.202* (0.111~0.294)	0.096* (0.054~0.138)	32.240

续表

自变量	中介变量	总效应	直接效应	间接效应	间接效应占比/%
社交网络成瘾	领悟社会支持	-7.814* (-8.184~-7.443)	-7.102* (-7.433~-6.771)	-0.712* (-0.881~-0.544)	9.114
	孤独	-7.814* (-8.184~-7.443)	-4.729* (-5.044~-4.415)	-3.084* (-3.301~-2.868)	39.474
	社交网络暴力	-7.814* (-8.184~-7.443)	-5.520* (-5.873~-5.168)	-2.294* (-2.454~-2.133)	29.352
社交网络自我呈现	领悟社会支持	0.089* (0.072~0.106)	0.184* (0.169~0.200)	-0.095* (-0.104~-0.087)	-106.86
	社交网络暴力	0.0890* (0.072~0.106)	-0.009 (-0.025~0.007)	0.098* (0.090~0.106)	110.17

* 表示效应在 0.050 的水平上有统计学意义。

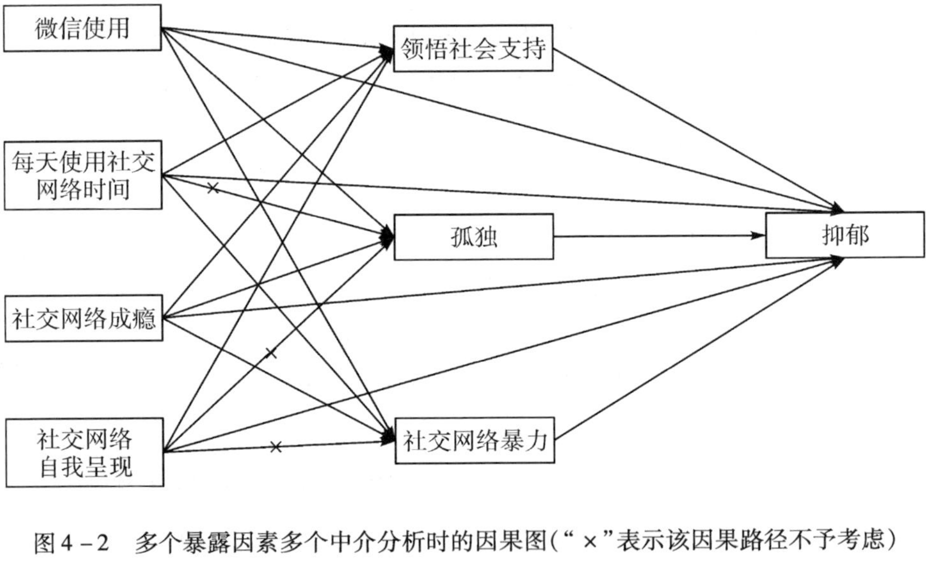

图 4-2　多个暴露因素多个中介分析时的因果图（“×”表示该因果路径不予考虑）

4.2.3　多个暴露因素与抑郁之间的单中介分析

在文献研究及以上分析的基础上，本研究提出了以微信使用、每天使用社交网络时间、社交网络成瘾作为社交网络使用的三个暴露因素,分别以领悟社会支持、孤独、社交网络暴力作为中介因素,以抑郁为结局变量,通过建立结构方程模型,进行多个暴露因素与抑郁之间的单中介因素的中介效应分析,对各变量间的路径关系及中介作用进行分析,以检验理论模型的有效性和研究假设的合理性。由于社交网络自我呈现的中立性,在进行多个暴露因素与抑郁的单中介分析中,对社交网络自我呈现单独进行了单中介分析。

1. 领悟社会支持在微信使用、每天使用社交网络时间及社交网络成瘾与抑郁之间的中介作用分析

研究首先分析微信使用、每天使用社交网络时间和社交网络成瘾对抑郁的影响,然后分析领悟社会支持在微信使用、每天使用社交网络时间和社交网络成瘾对抑郁产生影响时所发挥的部分中介作用。模型的拟合指数分别为:RMSEA = 0.055, GFI = 0.988, CFI = 0.985,模型的各项拟合指标均已达到标准,由此判断该模型拟合良好。具体的路径图见图 4 – 3(图中数字为各个变量之间的直接效应值),模型参数估计的具体结果见表 4 – 5。

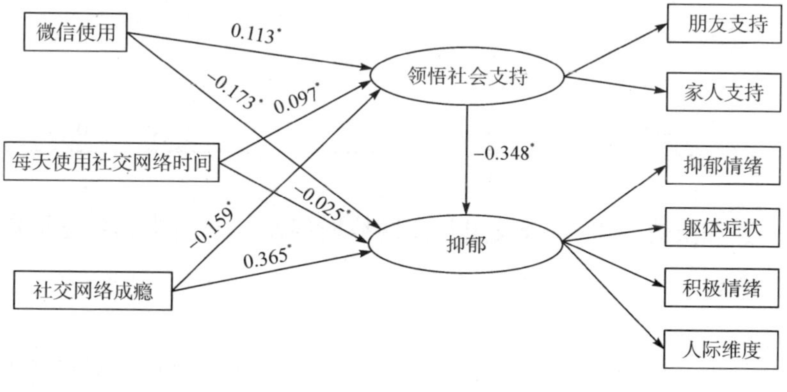

* 表示在单中介分析中具有中介效应。

图 4 – 3　领悟社会支持在微信使用、每天使用社交网络时间及社交网络成瘾与抑郁之间的中介作用(RMSEA = 0.055, GFI = 0.988, CFI = 0.985)

结果显示，领悟社会支持在微信使用与抑郁之间的中介作用显著（95% CI：-0.045 ~ -0.034），其中介作用占总效应的34.5%；领悟社会支持在每天使用社交网络时间与抑郁之间的中介作用显著（95% CI：-0.040 ~ -0.029），其中介作用占总效应的57.6%；领悟社会支持在社交网络成瘾与抑郁之间的中介作用显著（95% CI：0.048 ~0.062），其中介作用占总效应的13.1%。

表4-5 领悟社会支持中介效应的自助抽样分析

自变量	效应	领悟社会支持（中介变量）		抑郁（因变量）	
		效应值	95% CI	效应值	95% CI
微信使用	直接效应	0.113	0.098 ~0.129	-0.073	-0.087 ~ -0.060
	间接效应	—	—	-0.039	-0.045 ~ -0.034
	总效应	0.113	0.098 ~0.129	-0.113	-0.127 ~ -0.098
每天使用社交网络时间	直接效应	0.097	0.082 ~0.112	-0.025	-0.040 ~ -0.012
	间接效应	—	—	-0.034	-0.040 ~ -0.029
	总效应	0.097	0.082 ~0.112	-0.059	-0.075 ~ -0.045
社交网络成瘾	直接效应	-0.159	-0.177 ~ -0.140	0.365	0.348 ~0.381
	间接效应	—	—	0.055	0.048 ~0.062
	总效应	-0.159	-0.177 ~ -0.140	0.420	0.404 ~0.435
领悟社会支持	直接效应	—	—	-0.348	-0.363 ~ -0.332
	间接效应	—	—	—	—
	总效应	—	—	-0.348	-0.363 ~ -0.332

2. 孤独在微信使用、每天使用社交网络时间及社交网络成瘾与抑郁之间的中介作用分析

研究分析了孤独在微信使用、每天使用社交网络时间和社交网络成瘾对抑郁产生影响时所发挥的部分中介作用。模型的拟合指数分别为：RMSEA = 0.072，GFI =0.985，CFI =0.977，该模型各项拟合指标均已达到标准，由此认为模型拟合良好。具体的路径图见图4-4（图中数字为各个变量之间的直接效应值），模型参数估计的具体结果见表4-6。

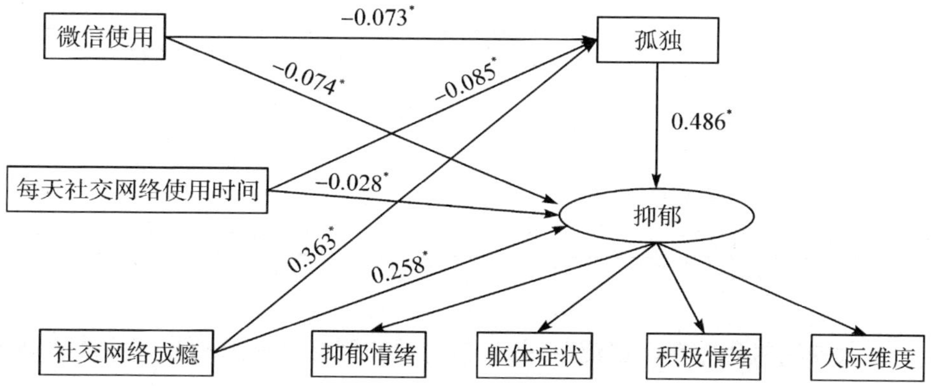

* 表示在单中介分析中具有中介效应。

图 4－4　孤独在微信使用、每天使用社交网络时间及社交网络成瘾与抑郁之间的中介作用

（RMSEA＝0.072，GFI＝0.985，CFI＝0.977）

结果显示，孤独在微信使用与抑郁之间的中介作用显著（95% CI：－0.042～－0.029），其中介作用占总效应的 32.7%；孤独在每天使用社交网络时间与抑郁之间的中介作用显著（95% CI：－0.048～－0.034），其中介作用占总效应的 59.4%；孤独在社交网络成瘾与抑郁之间的中介作用显著（95% CI：0.169～0.185），其中介作用占总效应的 40.6%。

表 4－6　孤独中介效应的自助抽样分析

自变量	效应	孤独（中介变量）		抑郁（因变量）	
		效应值	95% CI	效应值	95% CI
微信使用	直接效应	－0.073	－0.087～－0.060	－0.074	－0.087～－0.062
	间接效应	—	—	－0.036	－0.042～－0.029
	总效应	－0.073	－0.087～－0.060	－0.110	－0.124～－0.096
每天使用社交网络时间	直接效应	－0.085	－0.099～－0.071	－0.028	－0.041～－0.015
	间接效应	—	—	－0.041	－0.048～－0.034
	总效应	－0.085	－0.099～－0.071	－0.069	0.083～－0.055
社交网络成瘾	直接效应	0.363	0.349～0.377	0.258	0.243～0.272
	间接效应	—	—	0.176	0.169～0.185
	总效应	0.363	0.349～0.377	0.434	0.419～0.448

续表

自变量	效应	孤独(中介变量)		抑郁(因变量)	
		效应值	95% CI	效应值	95% CI
孤独	直接效应	—	—	0.486	0.475 ~ 0.498
	间接效应	—	—	—	—
	总效应	—	—	0.486	0.475 ~ 0.498

3. 社交网络暴力在微信使用、每天使用社交网络时间及社交网络成瘾与抑郁之间的中介作用分析

研究分析了社交网络暴力在微信使用、每天使用社交网络时间和社交网络成瘾对抑郁产生影响时所发挥的部分中介作用。模型的拟合指数分别为:RMSEA = 0.048, GFI = 0.993, CFI = 0.989,该模型各项拟合指标均已达到标准,由此认为模型拟合良好。具体的路径图见图 4 - 5(图中数字为各个变量之间的直接效应值),模型参数估计的具体结果见表 4 - 5。

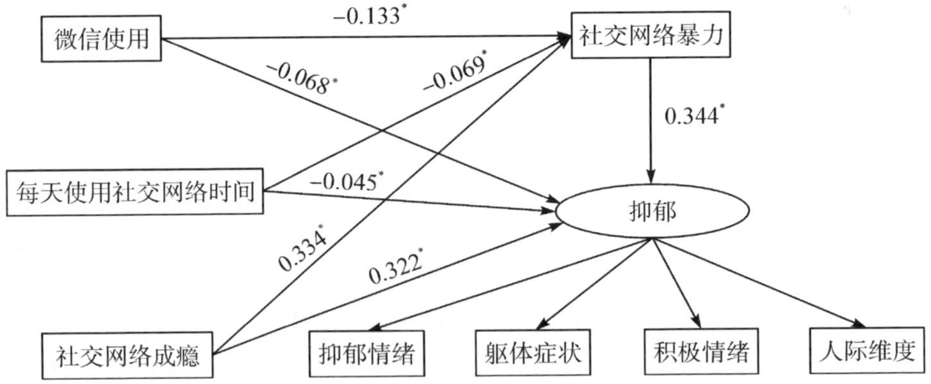

* 表示在单中介分析中具有中介效应。

图 4 - 5 社交网络暴力在微信使用、每天使用社交网络时间及社交网络成瘾与抑郁之间的中介作用(RMSEA = 0.048, GFI = 0.993, CFI = 0.989)

表 4－7　社交网络暴力中介效应的自助抽样分析

自变量	效应	社交网络暴力（中介变量）		抑郁（因变量）	
		效应值	95% CI	效应值	95% CI
微信使用	直接效应	－0.133	－0.148～－0.119	－0.068	－0.080～－0.055
	间接效应	—	—	－0.046	－0.051～－0.040
	总效应	－0.133	－0.148～－0.119	－0.113	－0.128～－0.099
每天使用社交网络时间	直接效应	－0.069	－0.083～－0.055	－0.045	－0.059～－0.031
	间接效应	—	—	－0.024	－0.029～－0.019
	总效应	－0.069	－0.083～－0.055	－0.069	－0.083～－0.054
社交网络成瘾	直接效应	0.334	0.319～0.348	0.322	0.306～0.337
	间接效应	—	—	0.115	0.107～0.122
	总效应	0.334	0.319～0.348	0.436	0.421～0.450
社交网络暴力	直接效应	—	—	0.344	0.328～0.359
	间接效应	—	—	—	—
	总效应	—	—	0.344	0.328～0.359

结果显示，社交网络暴力在微信使用与抑郁之间的中介作用显著（95% CI：－0.051～－0.040），其中介作用占总效应的40.7%；社交网络暴力在每天使用社交网络时间与抑郁之间的中介作用显著（95% CI：－0.029～－0.019），其中介作用占总效应的34.8%；社交网络暴力在社交网络成瘾与抑郁之间的中介作用显著（95% CI：0.107～0.122），其中介作用占总效应的26.4%。

4. 领悟社会支持在社交网络自我呈现与抑郁之间的中介作用分析

研究分析了领悟社会支持在社交网络自我呈现对抑郁产生影响时所发挥的部分中介作用。模型的拟合指数分别为：RMSEA＝0.074，GFI＝0.966，CFI＝0.961，各项拟合指标均达到标准，认为模型拟合良好。具体的路径图见图4－6（图中数字为各个变量之间的直接效应值），模型参数估计的具体结果见表4－8。

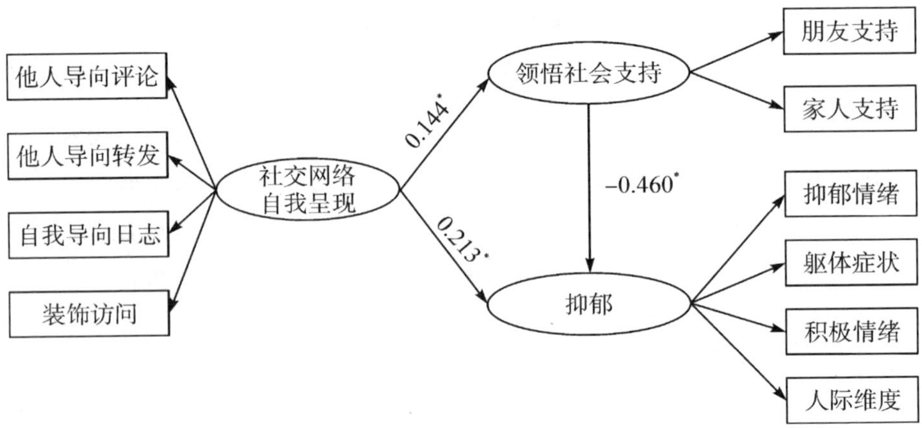

* 表示在单中介分析中具有中介效应。

图 4-6　领悟社会支持在社交网络自我呈现与抑郁之间的中介作用

（RMSEA = 0.074，GFI = 0.966，CFI = 0.961）

结果显示，社交网络自我呈现对抑郁产生的间接效应值为 -0.066，总效应值为 0.147；领悟社会支持在社交网络自我呈现与抑郁之间的中介作用显著（95% CI：-0.076 ~ -0.057），其中介作用占总效应的 44.9%。

表 4-8　领悟社会支持中介效应的自助抽样分析

自变量	效应	领悟社会支持（中介变量）		抑郁（因变量）	
		效应值	95% CI	效应值	95% CI
社交网络自我呈现	直接效应	0.144	0.125 ~ 0.163	0.213	0.194 ~ 0.231
	间接效应	—	—	-0.066	-0.076 ~ -0.057
	总效应	0.144	0.125 ~ 0.163	0.147	0.127 ~ 0.166
领悟社会支持	直接效应	—	—	-0.460	-0.475 ~ -0.445
	间接效应	—	—	—	—
	总效应	—	—	-0.460	-0.475 ~ -0.445

5. 孤独在社交网络自我呈现与抑郁之间的中介作用分析

研究分析了孤独在社交网络自我呈现对抑郁产生影响时所发挥的部分中

介作用。模型的拟合指数分别为:RMSEA =0.072,GFI =0.973,CFI =0.965,各项拟合指标均达到标准,认为模型拟合良好。具体的路径图见图4 -7(图中数字为各个变量之间的直接效应值),模型参数估计的具体结果见表4 -9。

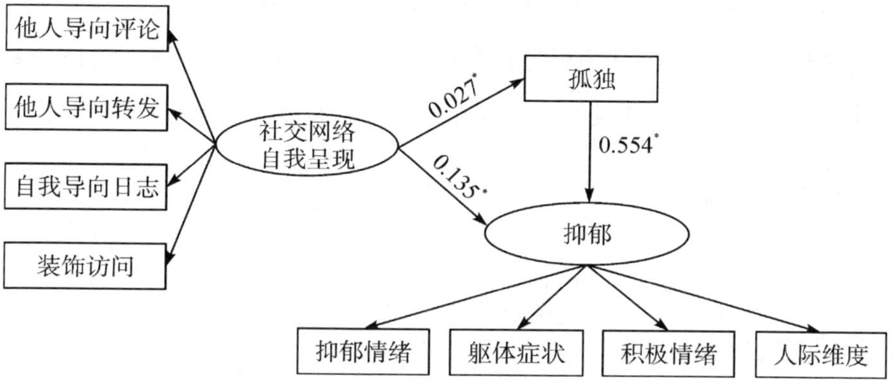

* 表示在单中介分析中具有中介效应。

图4 -7　孤独在社交网络自我呈现与抑郁之间的中介作用

(RMSEA =0.072,GFI =0.973,CFI =0.965)

结果显示,社交网络自我呈现对抑郁产生的间接效应值为0.015,总效应值为0.149;孤独在社交网络自我呈现与抑郁之间的中介作用显著(95% CI:0.005 ~0.024),其中介作用占总效应的10.1%。

表4 -9　孤独中介效应的自助抽样分析

自变量	效应	孤独(中介变量)		抑郁(因变量)	
		效应值	95% CI	效应值	95% CI
社交网络	直接效应	0.027	0.009 ~0.044	0.135	0.119 ~0.150
自我呈现	间接效应	—	—	0.015	0.005 ~0.024
	总效应	0.027	0.009 ~0.044	0.149	0.129 ~0.168
孤独	直接效应	—	—	0.554	0.544 ~0.564
	间接效应	—	—	—	—
	总效应	—	—	0.554	0.544 ~0.564

6. 社交网络暴力在社交网络自我呈现与抑郁之间的中介作用分析

研究分析了社交网络暴力在社交网络自我呈现对抑郁产生影响时所发挥的中介作用。模型的拟合指数分别为：RMSEA = 0.069，GFI = 0.974，CFI = 0.966，各项拟合指标均达到标准，认为模型拟合良好。具体的路径见图 4 - 8（图中数字为各个变量之间的直接效应值），模型参数估计的具体结果见表 4 - 10。

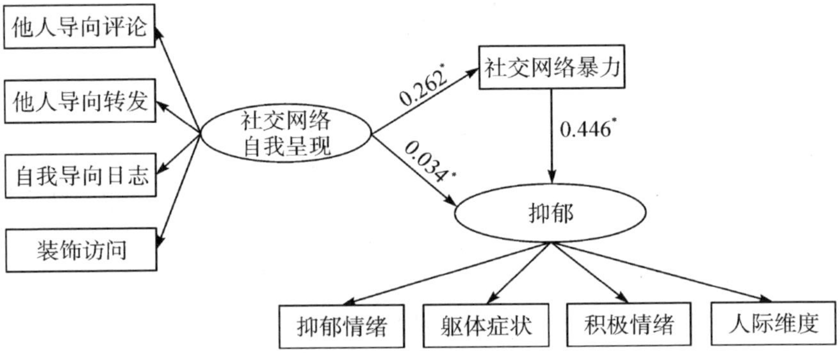

* 表示效应在 0.050 的水平上有统计学意义。

图 4 - 8　社交网络暴力在社交网络自我呈现与抑郁之间的中介作用

（RMSEA = 0.069，GFI = 0.974，CFI = 0.966）

结果显示，社交网络自我呈现对抑郁产生的间接效应值为 0.117，总效应值为 0.151；社交网络暴力在社交网络自我呈现与抑郁之间的中介作用显著（95% CI：0.108 ~ 0.127），其中介作用占总效应的 77.5%。

表 4 - 10　社交网络暴力中介效应的自助抽样分析

自变量	效应	社交网络暴力（中介变量）		抑郁（因变量）	
		效应值	95% CI	效应值	95% CI
社交网络自我呈现	直接效应	0.262	0.244 ~ 0.280	0.034	0.017 ~ 0.052
	间接效应	—	—	0.117	0.108 ~ 0.127
	总效应	0.262	0.244 ~ 0.280	0.151	0.132 ~ 0.170
社交网络暴力	直接效应	—	—	0.446	0.430 ~ 0.462
	间接效应	—	—	—	—
	总效应	—	—	0.446	0.430 ~ 0.462

4.2.4　单个暴露因素与抑郁之间的多中介分析

进一步探讨三个中介之间以及它们和自变量之间的关系。首先进行三个中介变量的相关性分析，发现它们存在显著的相关关系，见表4－11，结合专业知识，绘制图4－9，经检验该路径存在显著意义。依据图4－1及图4－8的因果路径图，结合研究设计目的、专业知识背景及前期的工作，利用AMOS24.0探讨各因素之间可能存在的潜在结构，选择合适的模型进行多中介效应分析比较。

表4－11　三个中介变量间的相关系数

中介变量	Spearman 相关系数	*P*
孤独与领悟社会支持	－0.472**	<0.001
社会网络暴力与领悟社会支持	－0.278**	<0.001
社会网络暴力与孤独	0.281**	<0.001

** 在0.01水平（双侧）上显著相关。

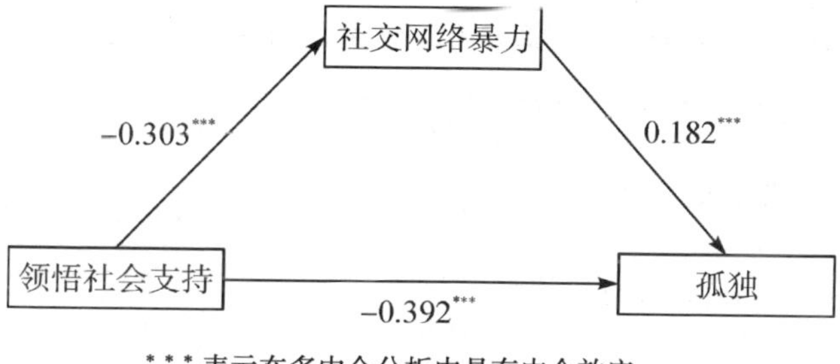

*** 表示在多中介分析中具有中介效应。

图4－9　三个中介变量之间的路径图

（RMSEA＝0.069，GFI＝0.974，CFI＝0.966）

1. 微信使用与抑郁的多个中介变量的分析

通过对表4－12结果的综合考虑，可以发现模型适配的中介路径在理论和实践中都具有合理性。进一步结合模型图4－10，组成微信使用影响抑郁的中介路径。中介路径的回归系数估计值由分段路径的回归系数估计值相乘而得出,中介路径的显著性水平取分段路径中的最低显著性水平。中介路径的效应估计值结果如表4-12所列。微信使用显著通过影响领悟社会支持和社交网络暴力,进而影响孤独,最终影响抑郁水平。

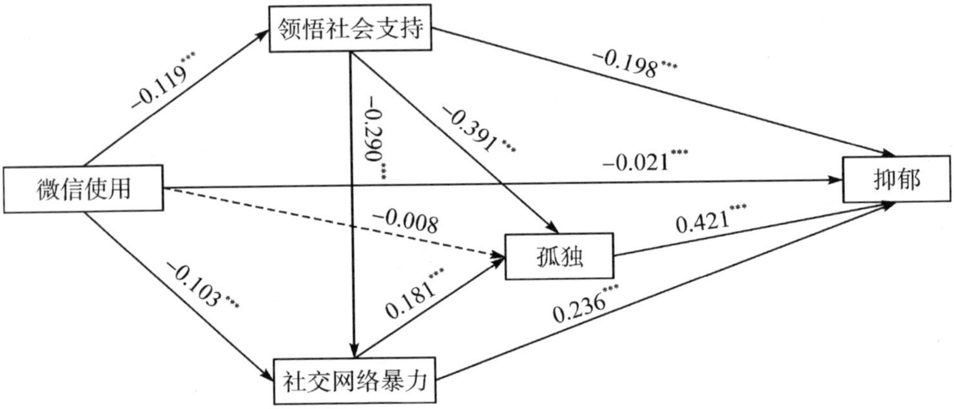

*** 表示在多中介分析中具有中介效应。

图4-10　微信使用与抑郁的多个中介变量的路径图

(RMSEA = 0.053, GFI = 0.99, CFI = 0.998)

表4-12　微信使用与抑郁的多个中介变量的路径与效应分析

路径与效应		效应量	95% CI	P	效应占比/%
路径	微信使用→领悟社会支持→抑郁	-0.024	-0.027 ~ -0.020	0.014	21.817
	微信使用→领悟社会支持→孤独→抑郁	-0.020	-0.022 ~ -0.017	0.019	18.519
	微信使用→领悟社会支持→社交网络暴力→抑郁	-0.008	-0.010 ~ -0.007	0.008	7.541
	微信使用→领悟社会支持→社交网络暴力→孤独→抑郁	-0.003	-0.003 ~ -0.002	0.008	2.778
	微信使用→社交网络暴力→孤独→抑郁	-0.008	-0.010 ~ -0.007	0.003	7.267
	微信使用→社交网络暴力→抑郁	-0.024	-0.029 ~ -0.021	0.003	22.507

续表

路径与效应		效应量	95% CI	P	效应占比/%
效应	间接效应	-0.086	-0.097 ~ -0.079	0.005	79.630
	直接效应	-0.021	-0.030 ~ -0.011	0.012	19.444
	总效应	-0.108	-0.121 ~ -0.095	0.012	100.000

2. 每天使用社交网络时间与抑郁的多个中介变量的分析

结合模型图 4 - 11 组成每天使用社交网络时间影响抑郁的中介路径，中介路径的回归系数估计值由分段路径的回归系数估计值相乘而得出。所有的中介路径的效应估计值结果如表 4 - 13 所列。每天使用社交网络时间显著通过影响领悟社会领悟支持，进而影响社交网络暴力，并最终影响抑郁水平。

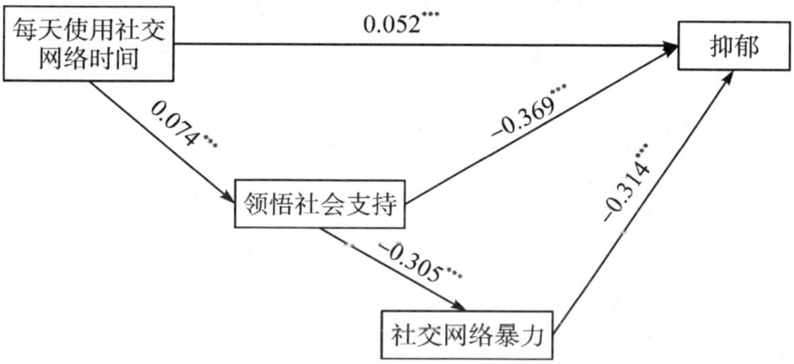

*** 表示在多中介分析中具有中介效应。

图 4 - 11　每天使用社交网络时间与抑郁的多个中介变量的路径图

(RMSEA = 0.053, GFI = 0.99, CFI = 0.998)

表 4 - 13　每天使用社交网络时间与抑郁的多个中介变量的路径与效应分析

路径与效应		效应量	95% CI	P	效应占比/%
路径	每天使用网络时间→领悟社会支持→抑郁	-0.027	-0.033 ~ -0.022	0.014	-103.846

续表

路径与效应		效应量	95% CI	P	效应占比/%
	每天使用社交网络时间→领悟社会支持→社交网络暴力→抑郁	-0.007	-0.009 ~ -0.006	0.008	-26.923
	每天使用社交网络时间→社交网络暴力→抑郁	0.009	0.005 ~ 0.014	0.004	34.615
效应	间接效应	-0.025	-0.033 ~ -0.017	0.020	-96.154
	直接效应	0.052	0.040 ~ 0.063	0.014	200.000
	总效应	0.027	0.013 ~ 0.041	0.009	100.000

3. 社交网络成瘾与抑郁的多个中介变量的分析

结合模型图 4-12 组成社交网络成瘾影响抑郁的中介路径，中介路径的回归系数估计值由分段路径的回归系数估计值相乘而得出。中介路径的效应估计值结果如表 4-14 所列。社交网络成瘾显著通过影响领悟社会领悟支持和社交网络暴力，进而影响孤独，最终影响抑郁水平。

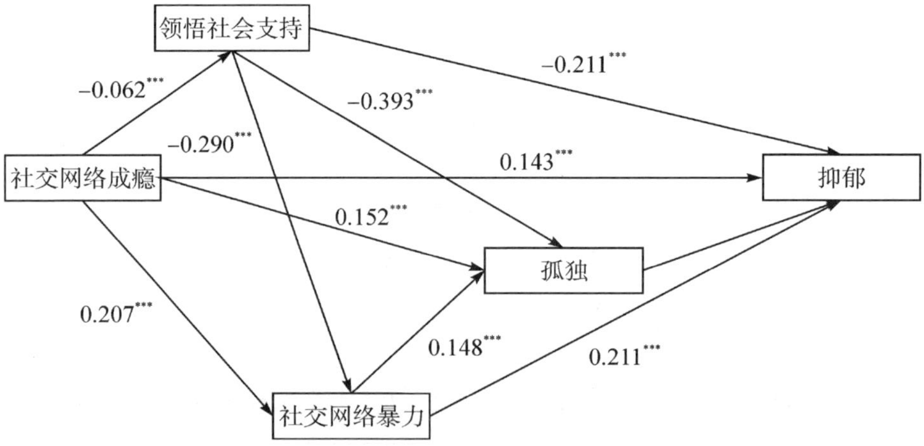

*** 表示在多中介分析中具有中介效应。

图 4-12　社交网络成瘾与抑郁的多个中介变量的路径图

（RMSEA = 0.065，GFI = 0.984，CFI = 0.982）

表 4－14 社交网络成瘾与抑郁的多个中介变量的路径与效应分析

	路径与效应	效应量	95% CI	P	效应占比/%
路径	社交网络成瘾→领悟社会支持→抑郁	0.013	0.011～0.016	0.007	4.545
	社交网络成瘾→领悟社会支持→孤独→抑郁	0.01	0.008～0.012	0.01	3.497
	社交网络成瘾→领悟社会支持→社交网络暴力→孤独→抑郁	0.001	0.001～0.001	0.008	0.350
	社交网络成瘾→领悟社会支持→社交网络暴力→抑郁	0.004	0.003～0.005	0.009	1.399
	社交网络成瘾→孤独→抑郁	0.06	0.055～0.065	0.013	20.979
	社交网络成瘾→社交网络暴力→孤独→抑郁	0.012	0.011～0.014	0.007	4.196
	社交网络成瘾→社交网络暴力→抑郁	0.044	0.039～0.049	0.007	15.385
效应	间接效应	0.143	0.133～0.156	0.003	50.000
	直接效应	0.143	0.134～0.158	0.011	50.000
	总效应	0.286	0.270～0.301	0.007	100.000

4. 社交网络自我呈现与抑郁的多个中介变量的分析

社交网络自我呈现与抑郁的多中介分析中，由于中介因素社交网络暴力、孤独无意义，故不予考虑。结合模型图 4－13 组成简单中介路径。中介路径的效应估计值结果如表 4－15 所列。社交网络自我呈现显著通过影响领悟社会领悟支持影响抑郁水平。

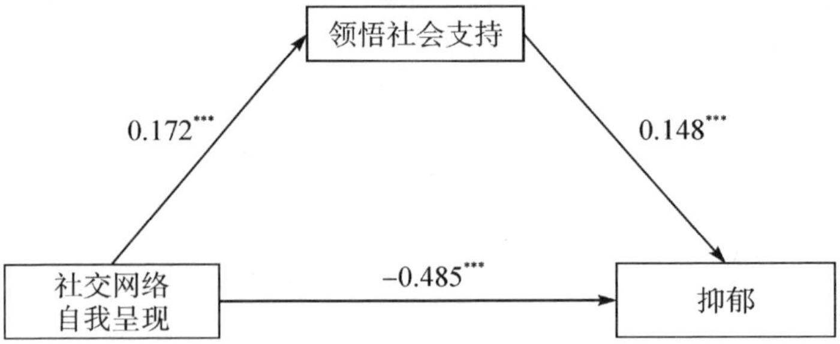

***表示在多中介分析中具有中介效应。

图 4-13　社交网络自我呈现与抑郁的多个中介变量的路径图

(RMSEA=0.063,GFI=0.989,CFI=0.987)

表 4-15　社交网络自我呈现与抑郁的多个中介变量的路径与效应分析

路径与效应		效应量	95% CI	*P*	效应占比/%
路径	社交网络自我呈现→领悟社会支持→抑郁	-0.083	-0.091 ~ -0.074	0.019	-129.688
效应	间接效应	-0.083	-0.091 ~ -0.074	0.019	-129.688
	直接效应	0.148	0.132 ~0.161	0.023	231.250
	总效应	0.064	0.048 ~0.082	0.012	100.000

4.2.5　多个暴露因素与抑郁之间的多中介分析

进一步探究领悟社会支持、孤独、社交网络暴力在微信使用、每天使用社交网络时间、社交网络成瘾、社交网络自我呈现与抑郁的中介作用。结合模型图 4-14 组成微信使用、每天使用社交网络时间、社交网络成瘾、社交网络自我呈现影响抑郁的中介路径,用分段路径的回归系数估计值相乘计算出中介路径的回归系数估计值,中介路径的显著性水平取分段路径中的最低显著性水平。中介路径的效应估计值结果如表 4-16 所列。由四个暴露因素、三个中介因素与抑郁共同构建的模型中,四个暴露因素显著通过影响三个中介因素进而影响抑郁水平,共存在 21 条中介路径,具体见表 4-16 和图 4-14。其中,微信使用与孤独、每天使用社交网络时间与抑郁、每天使用社交网络时间与社交网络暴力之间的回归系数不再显著（图 4 - 14 中虚线所示）。

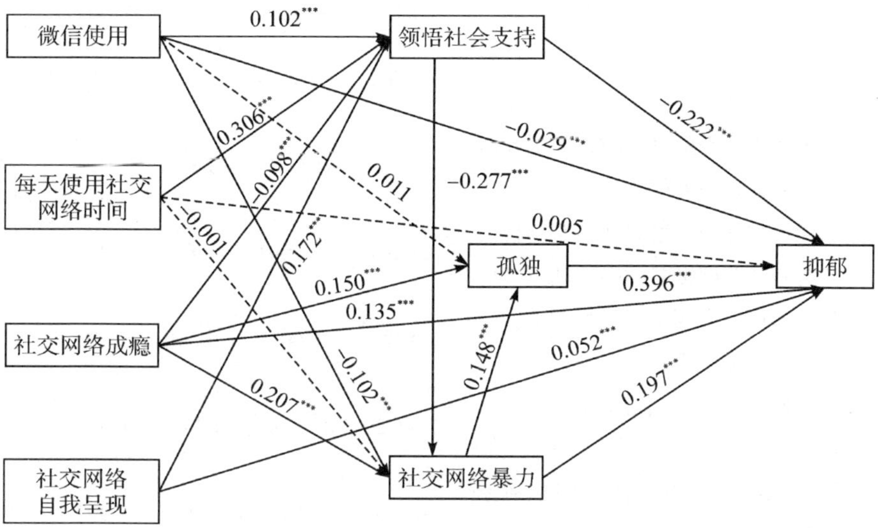

***表示在 0.01 的水平上有统计学意义。

图 4 - 14　多个暴露因素与抑郁的多个中介变量的路径图

（RMSEA = 0.0559，GFI = 0.970，CFI = 0.958）

表 4 - 16　微信使用、每天使用社交网络时间、社交网络成瘾、社交网络自我呈现与抑郁的多个中介变量的路径与效应分析

	路径与效应	效应量	95% CI	P	效应占比/%
路径	微信使用→领悟社会支持→抑郁	-0.023	-0.026 ~ -0.019	0.015	-15.132
	微信使用→领悟社会支持→孤独→抑郁	-0.016	-0.018 ~ -0.013	0.025	-10.526
	微信使用→领悟社会支持→社交网络暴力→孤独→抑郁	-0.002	-0.002 ~ -0.001	0.009	-1.316
	微信使用→领悟社会支持→社交网络暴力→抑郁	-0.006	-0.007 ~ -0.005	0.009	-3.947
	微信使用→社交网络暴力→孤独→抑郁	-0.006	-0.007 ~ -0.005	0.004	-3.947

续表

路径与效应	效应量	95% CI	*P*	效应占比/%
微信使用→社交网络暴力→抑郁	-0.020	-0.024 ~ -0.017	0.003	-13.158
每天使用社交网络时间→领悟社会支持→抑郁	-0.008	-0.011 ~ -0.005	0.014	-5.263
每天使用社交网络时间→领悟社会支持→孤独→抑郁	-0.006	-0.008 ~ -0.003	0.012	-3.947
每天使用社交网络时间→领悟社会支持→社交网络暴力→孤独→抑郁	-0.001	-0.001 ~0.000	0.012	-0.658
每天使用社交网络时间→领悟社会支持→社交网络暴力→抑郁	-0.002	-0.003 ~ -0.001	0.009	-1.316
社交网络成瘾→领悟社会支持→抑郁	0.022	0.018 ~0.025	0.012	14.474
社交网络成瘾→领悟社会支持→孤独→抑郁	0.015	0.013 ~0.018	0.007	9.868
社交网络成瘾→领悟社会支持→社交网络暴力→孤独→抑郁	0.002	0.001 ~0.002	0.007	1.316
社交网络成瘾→领悟社会支持→社交网络暴力→抑郁	0.005	0.005 ~0.006	0.007	3.289
社交网络成瘾→孤独→抑郁	0.06	0.054 ~0.065	0.014	39.474
社交网络成瘾→社交网络暴力→孤独→抑郁	0.012	0.011 ~0.014	0.009	7.895
社交网络成瘾→社交网络暴力→抑郁	0.041	0.037 ~0.046	0.005	26.974
社交网络自我呈现→领悟社会支持→抑郁	-0.038	-0.044 ~ -0.034	0.009	-25.000
社交网络自我呈现→领悟社会支持→孤独→抑郁	-0.027	-0.030 ~ -0.024	0.009	-17.763
社交网络自我呈现→领悟社会支持→社交网络暴力→孤独→抑郁	-0.003	-0.003 ~ -0.002	0.009	-1.974
社交网络自我呈现→领悟社会支持→社交网络暴力→抑郁	-0.009	-0.011 ~ -0.008	0.004	-5.921

续表

路径与效应		效应量	95% CI	P	效应占比/%
效应	微信使用间接效应	-0.072	-0.080~-0.065	0.008	-47.368
	每天使用社交网络时间间接效应	-0.016	-0.023~-0.009	0.012	-10.526
	社交网络成瘾间接效应	0.156	0.146~0.165	0.014	102.632
	社交网络自我呈现间接效应	-0.077	-0.085~-0.069	0.009	-50.658
	总间接效应	-0.009	-0.025~0.005	0.210	-5.921
	微信使用直接效应	-0.029	-0.038~-0.019	0.013	-19.079
	社交网络成瘾直接效应	0.136	0.125~0.148	0.005	89.474
	社交网络自我呈现直接效应	0.053	0.039~0.065	0.021	34.868
	总直接效应	0.161	0.142~0.180	0.008	105.921
	总效应	0.152	0.128~0.179	0.010	100.000

4.2.6 基于社交网络使用的大学生抑郁干预策略理论模型的构建

根据前文研究结果，社交网络使用时间、社交网络成瘾倾向等都是大学生抑郁的影响因素，且会通过孤独、领悟社会支持、社交网络暴力等中介变量对抑郁产生作用和影响，基于此，构建出基于社交网络使用的大学生抑郁干预策略理论模型。

基于社交网络使用的大学生抑郁干预策略理论模型分为五个阶段。第一阶段：基于中介效应的研究结果，引导大学生认识社交网络使用对抑郁的影响。就是让大学生重新认识社交网络，重新界定社交网络的用途和利害关系，引导大学生了解社交网络使用与抑郁的关系，阐释社交网络使用对抑郁的影响因素、社交网络使用对抑郁的影响路径，以及过度或不恰当地使用社交网络会造成抑郁情绪,危及个体成长。第二阶段:基于萨提亚模式的冰山理论的自我认知和行为的重塑,重新定义自我。就是通过对冰山理论的系统讲解,引导大学生完成自我认知和行为的重塑,从而让大学生重新审视自我,达到身心整合内外一致,由此激发主观能动性,树立正确的人生观和价值观。第三阶段:基于自我认知的时间管理培训,提升时间管理效能。通过时间管理团体辅导,引导大学生对时间和生命进行重新认识和评估,引领他们思考生命的意义和时间的紧迫性,由此来提升他们的时间管理效能,从而让学生学会规划时间,有效控制社交网络使用时间,避免出现社交网络成瘾倾向。第四阶段:基于自我认知的网络人际沟通能力提升培训,学会恰当的社交网络表达。引导大学生掌握人际沟通和网络沟通的特点和技巧,向大学生阐释人际沟通和网络沟通的特点和特性,有针对性地提升学生网络沟通技巧,让学生在使用社交网络时能够恰当表达,有效获取社会支持和网络认同,从而达到消除孤独感,避免社交网络暴力的目的。第五阶段:基于自我认知的人际关系改善团体辅导,引导大学生有效改善网络人际关系和现实人际关系。通过网络人际关系和现实人际关系的团体辅导,引导大学生重视人际关系,引导学生认识到人是社会的人,认识到人际关系的重要性,让学生在珍惜所拥有的人际关系的同时,要懂得及时向家人、朋友、同学寻求社会支持,以此提升领悟社会支持水平。通过五个阶段的干预,从而达到引领大学生合理规划时间,合理使用网络,增强领悟社会支持能力,消除孤独感,避免社交网络暴力的目的,最终实现降低抑郁水平、抑制抑郁情绪的目标。具体干预理论模型如图 4 – 15 所示。

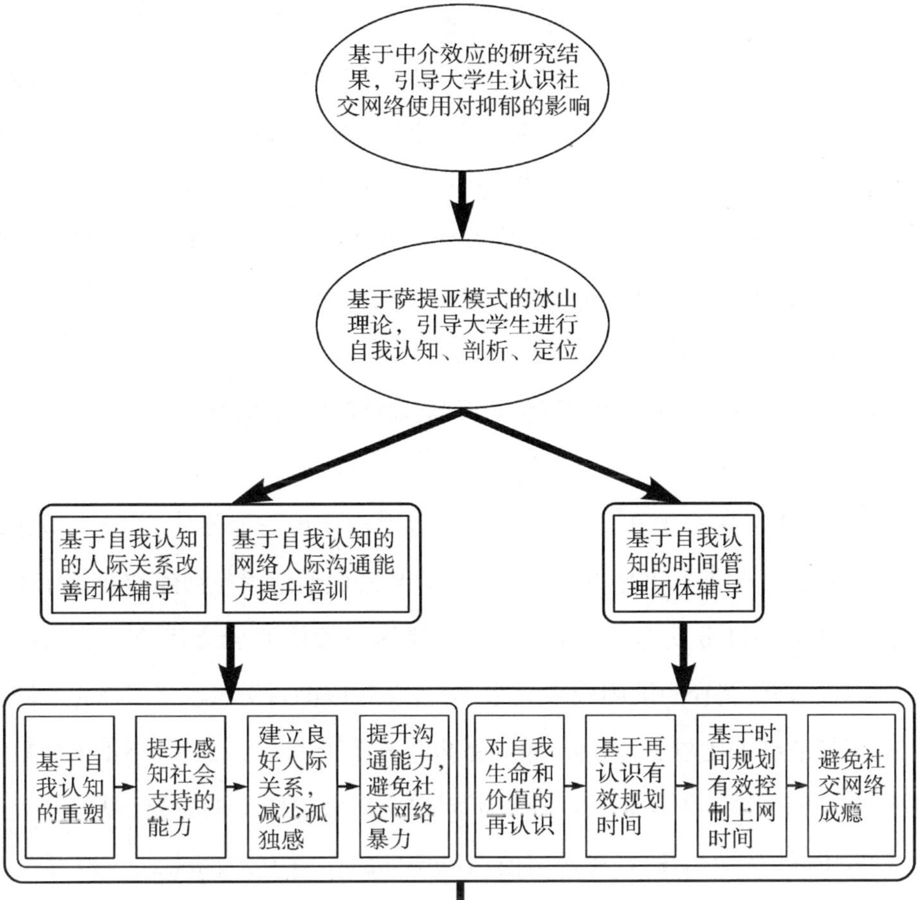

图 4－15　大学生抑郁干预理论模型图

4.3　讨论

4.3.1　单中介条件下的大学生抑郁影响因素分析

在单中介条件分析中，研究发现领悟社会支持介导的每天使用社交网络时间与抑郁的关系中，间接效应与直接效应方向相反，即一正一负，温忠麟与叶宝娟称之为遮掩效应[188]。使用社交网络的时间越长，越有可能产生抑郁（直接效应）。使用社交网络的时间越长，越有可能提升领悟社会支持水平，越不可能抑郁（间接效应）。故领悟社会支持作为中介把每天使用社交网络时间对抑郁的一部分作用给掩盖了，观察到的总效应没有直接效应大。同样，领悟社会支持介导的社交网络自我呈现与抑郁的关系也是如此。

4.3.2　多中介条件下的大学生抑郁影响因素分析

在单暴露因素多中介分析中，研究发现微信使用与抑郁的关系中，间接效应占比高达79.630%，其中社交网络暴力介导的微信使用与抑郁的间接作用最大，占总效应的百分比为22.507%，微信使用→领悟社会支持→社交网络暴力→孤独→抑郁路径中的间接效应最小，占总效应的百分比为2.778%。路径越长，间接效应占比越小，因为标准化系数总是小于1，路径越长，小于1的数就越多，故乘积所得结果就越小。根据不同中介在因果链上的位置，可将其分为近端的、中间的和远端的。在微信使用对抑郁的作用中，领悟社会支持是一个重要的前端中介，经过它的间接效应占总间接效应的百分比较高。

在单暴露因素多中介分析中，每天使用社交网络时间与抑郁的关系中间接效应与直接效应方向相反。如前所述，由于遮掩效应，此时领悟社会支持的存在遮掩了每天使用社交网络时间对抑郁的作用，使得我们观察到的总效应比直接效应小。每天使用社交网络时间→社交网络暴力→抑郁路径中效应量为0.009，占总效应的34.615%。

在单暴露因素多中介分析中，研究发现社交网络成瘾与抑郁的关系中，间接效应占比50%，其中孤独介导的社交网络成瘾与抑郁的间接作用最大，占总效应的百分比为20.979%，社交网络成瘾→领悟社会支持→社交网络暴力→孤独→抑郁路径中的间接效应最小，占总效应的百分比为0.350%。在社交网络成瘾对抑郁的作用中，经过前端中介领悟社会支持的间接效应占总效应的4.545%。

在单暴露因素多中介分析中，研究发现社交网络自我呈现与抑郁的关系中，间接效应与直接效应方向相反。此时领悟社会支持与前文所述一致，它遮掩了社交网络自我呈现对抑郁的作用，使得直接效应的近一半都被间接效应掩盖了。

4.3.3　多中介多因素条件下的大学生抑郁综合影响因素分析

在多个暴露因素、多个中介的综合模型分析中，三个中介即领悟社会支持、孤独、社交网络暴力在四个暴露因素即微信使用、每天使用社交网络时间、社交网络成瘾、社交网络自我呈现与抑郁的关系的综合分析中，总的间接效应与总的直接效应方向相反。总的间接效应为－0.009，占总效应的百分比为－5.921%，总的直接效应为0.161，占总效应的百分比为105.921%。

这可能是因为对抑郁产生影响的已知社交网络因素中，21条间接路径加起来起到的是遮掩作用，微信使用、每天使用社交网络时间、社交网络成瘾、社交网络自我呈现对抑郁的四条直接路径产生的直接作用反而被间接效应所掩盖。

产生以上直接效应与间接效应的原因可能还有以下几点：①在理论中，四个因素间应该互相独立，但是在实际上它们之间有相关或者包含的关系，设计时我们忽略了这一点，使得结果不准确，间接效应过小或者为负值。②在多因素的分析中，我们未考虑混杂变量，如性别、年龄、身体质量指数等，而它们可能同时影响暴露因素（微信使用、每天使用社交网络时间、社交网络成瘾、社交网络自我呈现）、中介因素（领悟社会支持、孤独、社交网络暴力）及抑郁；③多个因素的分析远比单个因素分析复杂，其中可能会有我们未想到或未注意到的地方，应谨慎对待其结果，同时谨慎使用。

4.3.4 中介变量在社交网络使用与抑郁之间的中介作用

1. 领悟社会支持在微信使用、每天使用社交网络时间及社交网络成瘾与抑郁之间的中介作用

本研究基于结构方程模型发现，微信使用、每天使用社交网络时间及社交网络成瘾对领悟社会支持具有显著的影响，而领悟社会支持又对抑郁有着显著的负向影响，这意味着如果增强大学生的领悟社会支持的能力，可以抑制或是消减大学生抑郁现象的发生。领悟社会支持作为中介因素，在微信使用、每天使用社交网络时间及社交网络成瘾等社交网络使用的暴露因素对抑郁的影响中，都存在部分中介效应。

相关研究表明，在各个学生群体中，领悟社会支持对抑郁都有突出的影响效应[189]。关系调节理论认为，领悟社会支持对个体的情感、认知和行为具有正向促进作用，进而再对其心理健康产生积极影响，与本研究结果相一致。这说明在不同的学生群体间，领悟社会支持对抑郁情绪的负向消减和抑制效应，均能得以体现。本研究发现微信使用对抑郁情绪有负向的预测作用。每天使用社交网络时间也可以负向预测抑郁水平。社交网络平台可满足大学生的心理需求，且在网络关系的维系中，积极的网上互动可以增加学生对网上积极反响的感知和体验，由此使社会支持感得以增加。良好的社会支持可以有效舒缓大学生的心理压力，抑制或消减他们的负性情绪，从而降低抑郁现象的发生率。

本研究中，社交网络成瘾可以负向影响领悟社会支持，可以正向预测抑郁的状况。作为中介因素，领悟社会支持在社交网络成瘾（自变量）对抑郁（结局变量）的影响中有着中介作用。社交网络成瘾与抑郁呈现正相关的关系[190]，而网络成瘾的大学生存在易焦虑、抑郁等心理健康问题。大学生社交网络成瘾后，沉迷于网络世界而远离现实生活中的线下社交，在真实社会中的领悟社会支持感也会降低，进而回避正常社交行为，从而导致抑郁等心理问题。综上所述，领悟社会支持在大学生微信使用、每天使用社交网络时间及社交网络成瘾对抑郁的影响中均发挥部分中介效应。

2. 孤独在微信使用、每天使用社交网络时间及社交网络成瘾与抑郁之间的中介作用

本研究发现，微信使用和每天使用社交网络时间对孤独具有显著的负向影响，而社交网络成瘾对孤独具有显著的正向影响，孤独对抑郁也有显著的正向影响，这意味着大学生孤独感的增强可以显著预测其抑郁问题。孤独作为中介因素，在微信使用、每天使用社交网络时间及社交网络成瘾作为社交网络使用的三个暴露因素对结局变量抑郁的影响中，都存在着部分中介效应。

随着微信和社交网络的广泛普及，大学生的社交途径不断增多，社交圈不断扩大。使用社交网络的强度既和人际关系有很大的相关性，又和心理适应能力关系紧密，且社交网络使用得越频繁，有孤独感的可能性就越小[191]，这验证了本研究结果。关于孤独的中介作用，先前有研究认为，在中学生群体中，孤独作为中介因素在社交焦虑与抑郁之间存在着显著的中介作用。孤独感和抑郁一样，也是负性情绪体验的一种，长期处于孤独状态中，有可能会引发情绪障碍。孤独感一般会和不良的人际关系同生共长，常会产生社交失落感。存在孤独感的个体，往往不擅长管控自己的情绪，在人际方面通常存在缺陷，这种情况下，容易滋生负面情绪，并难以消解，久而久之就会形成抑郁情绪[192]。本研究发现，微信和社交网络的使用可以改善孤独现象，从而减少抑郁的发生。这提示教育者们可通过微信等社交网络平台组织丰富多彩的社交活动，并鼓励大学生通过社交网络表达情绪和看法，降低他们的孤独感，从而改善他们的抑郁状况。

关于社交网络成瘾，罗鑫森等报告了孤独在医学类院校学生手机成瘾与抑郁之间，有着部分中介作用[193]，且手机成瘾与孤独呈正相关，与本研究结果相一致。社交网络成瘾可正向预测抑郁情况，大学生社交网络成瘾会影响大学生的正常作息和生活,会让大学生因占用学习时间产生负罪感,因学习成绩下降心生愧疚感,如果不及时疏导就可能导致抑郁。同时,沉迷于社交网络的大学生更容易逃避现实,躲进网络虚拟世界,使归属感降低,孤独感增强,从而导致抑郁程度的加重。孤独在社交网络成瘾对抑郁的影响中,有着部分中介效应。这向高校的教育者们提示,在鼓励大学生正确使用社交网络的同时,一定要防止他们沉迷其中而不能自拔。

3. 社交网络暴力在微信使用、每天使用社交网络时间及社交网络成瘾与抑郁之间的中介作用

研究显示,微信使用和每天使用社交网络时间对社交网络暴力具有显著负向影响,而社交网络成瘾对社交网络暴力的影响是正向的,抑郁又被社交网络暴力显著地正向影响着,社交网络暴力存在与否能够预测抑郁现象发生与否。社交网络暴力作为中介因素,在微信使用、每天使用社交网络时间及社交网络成瘾作为社交网络使用的暴露因素对结局变量抑郁的影响中,均存在部分中介效应。

网络暴力具有冷漠、强加于人和缺乏理性等特征,容易对心智还不成熟的大学生造成心理危害,甚至是生命危害。大学时期是人格养成的关键时期,指引大学生恰当使用社交网络平台,可开阔他们的视野,增强他们的思考能力和甄别能力,避免网络的错误引导,从而减少和避免大学生社交网络暴力的发生,减少大学生的负面情绪和心理问题。综上,微信使用和每天使用社交网络时间可通过社交网络暴力进而对抑郁产生影响。高校应加强校园网络建设,肃正校园网络环境,杜绝不良的社交网络行为,遏制社交网络暴力,尽量防止大学生抑郁现象的发生。

较为缺乏时间管理观念和自我约束能力的大学生,相对容易沉迷于社交网络中复杂多样的信息,发生社交网络成瘾现象,且由于大学生人格发育尚不完善,在社交网络中容易被误导,激发不成熟的防御机制,进而在行为上发展为社交网络暴力。同时,社交网络暴力的偏激性负面语言和负面信息,可能导致大学生负性情绪的产生,进而增加其抑郁状况。通过中介因素社交网络暴力的中介作用,社交网络成瘾可以增强大学生的抑郁程度。因此,应引导大学生规范使用社交网络,管控好使用时间,尽量避免因社交网络成瘾而发生社交网络暴力行为,避免抑郁的发生。

4. 领悟社会支持在社交网络自我呈现与抑郁之间的中介作用

研究显示,社交网络自我呈现对领悟社会支持有着显著的正向影响,领悟社会支持对抑郁有着显著的负向影响,即领悟社会支持能力的提升可以促进抑郁水平的降低。领悟社会支持作为中介因素,在社交网络自我呈现对结局变量抑郁的影响中,存在着部分中介效应。

真实的自我呈现和领悟社会支持之间呈现着正相关关系,通过后者的部分中介效应,前者能够对自尊形成影响。通过积极情绪和社会支持链式的中介作用,积极自我呈现能够正向地影响生活满意度[140]。究其原因,积极的自我呈现可以为大学生提供诸多正向的导向,比如可以获得有效信息,可以获得情感支持,可以缓解孤独情绪等,从而提升大学生的社会适应能力[194],而真实的自我呈现会展示自我的真实处境,有助于他人了解并提供支持[195]。因此,大学生通过社交网络积极呈现生活、学习中遇到的问题,可能会得到及时的社会支持,从而降低抑郁情绪的发生。

5. 孤独在社交网络自我呈现与抑郁之间的中介作用

研究显示,社交网络自我呈现对孤独有着显著的正向影响,孤独能够显著地正向影响抑郁,大学生的孤独感能够致使抑郁情绪加重。孤独作为中介因素,在社交网络自我呈现对抑郁的影响中,有着部分中介效应。

多数学者已证实,孤独和抑郁之间有着正向且紧密的相关关系。但社交网络自我呈现与两者的关系及其关系路径还鲜有相关研究。在中学生群体中,孙梦圆等发现,孤独作为中介因素在社交焦虑与结局变量抑郁之间起着部分中介作用[196]。社交网络是一个以自我为中心的场所,沉迷于不当的自我呈现会形成单向且肤浅的情感投入，如果在人际网络中未得到预期回应，可能会导致情感关系的疏离，进而产生孤独感。如果大学生不能及时、有效地消解孤独情绪，则有可能会演变成抑郁情绪。

6.社交网络暴力在社交网络自我呈现与抑郁之间的中介作用

研究显示，社交网络自我呈现对社交网络暴力具有显著的负向影响，社交网络暴力对抑郁有显著的正向影响，社交网络暴力能够显著地预测抑郁现象。社交网络暴力作为中介因素，在社交网络自我呈现对抑郁的影响中，有着部分中介效应。

在一项大学生社交网络暴力动机的研究中，发现部分学生的动机来自正义感和道德感，部分学生的动机则出于对现实不满，趁机发泄情绪[197]。不当的自我呈现动机和方式，可能会引发社交网络暴力。实现个性化且主动的自我呈现是大学生使用社交网络进行自我呈现的主要目的，且其自我呈现时较少从信息接收者的角度考虑自我呈现带来的影响，不当的自我呈现行为将会导致社交网络暴力的发生[198]。在个人信息及隐私保护方面，大学生自我保护意识不强，如果在网络交往中出现冲突，有可能导致他们在新媒体环境中遭受的网络暴力的范围更广、形式更加恶劣，使其心理受伤。因此，高校应大力开展大学生网络素养教育，规范大学生的社交网络自我呈现行为，减少社交网络暴力的发生，营造和谐友好的社交氛围，尽量防止或减少抑郁发生。

4.3.5 基于中介效应的社交网络使用与大学生抑郁的关联机理

1.微信使用、社交网络使用时间、社交网络成瘾与抑郁的关联机理

(1)基于领悟社会支持中介效应的情绪缓冲机理

个体的领悟社会支持水平的提升是有效改善大学生抑郁情绪的途径。作

为个体对外界支持的一种主观感知,领悟社会支持水平能够影响个体的情感和行为,可以提升个体认知,进而促进其身心健康。领悟社会支持作为中介因素改善社交网络成瘾、社交网络使用时间及微信使用对抑郁的影响,主要包括两种作用机制模型:一是动态效应模型,二是缓冲效应模型。动态效应模型的核心思想认为,个体的领悟社会支持、情绪情态及其心理健康之间可以相互作用。当大学生由于过度使用社交网络,出现成瘾倾向时,其情绪易受到网络内容及周围社会评价的影响,此时若在网络中给予积极引导,在现实生活中给予及时关爱,而非训斥其沉迷社交网络,使大学生产生被照顾、被重视的社会支持感,可以促进大学生良好心态的形成,进而及时舒缓其抑郁情绪。缓冲效应模型将领悟社会支持看作缓冲器,不论面对何种方式的压力源,领悟社会支持都可缓冲个体的压力和紧张感。当大学生在学业、情感等压力源的作用下产生压力时,容易在网络中寻求转移,在社交网络中寻求安慰,而网络使用过程中产生的领悟社会支持感,可有效舒缓大学生的各种压力,避免大学生因为压力而形成负面情绪,有效预防抑郁情绪的产生。因此,和谐的校园氛围、温暖的集体关怀、友善的网络环境、亲切的教师指导和亲密的同学关系对提升大学生领悟社会支持水平,预防和改善其抑郁情绪具有重要作用。

(2)基于孤独中介效应的情绪诱导机理

孤独是个体在社会交往过程中产生的一种主观的负性情绪体验。孤独的形成与产生,与个体大脑中情感加工的区域关系密切,且该区域对个体的抑郁情绪起着重要作用,孤独感可作用于此区域诱导抑郁发生[199]。在社交网络使用的各种暴露因素比如社交网络成瘾等对抑郁产生影响时,孤独可以在其中发挥诱导作用。

社会角色理论认为,个体在社会中扮演着各种角色,角色是适应特定社会定位的行为模式,它由诸多因素决定。从社会的角度,有客观的社会环境,具体的社会要求、社会规范等;从个体的角度,有个体的能力、个体的特性、个体对角色的理解等。微信和社交网络的使用使个体的社交途径和社交资源不断丰富,从而使个体对其社会定位更加丰富和明朗。在社交过程中，个体对自我角色的定位不断清晰，这种角色愿望的实现可以防止孤独感的产生，且在社交过程中通过情绪的合理表达和处理有效降低抑郁的发生。社交网络成瘾的个体，由于不符合或者不遵守社会规范和角色要求而陷入冲突。他们沉迷于网络，导致不可能实现自己的角色期待，以致正常的社会需求也无法得到满足，从而产生孤独情绪，在孤独感负性情绪作用下导致抑郁的发生发展。

（3）基于社交网络暴力中介效应的心理攻击机理

社交网络暴力是暴力行为在社交网络中的延伸，这种社交网络攻击性行为会严重危害受害者的心理健康，受害者受到心理攻击后则容易产生抑郁情绪。社交网络暴力在大学生的社交网络成瘾、社交网络使用时间、微信使用对抑郁的影响中通过心理攻击发挥作用。

精神分析理论认为，社交网络暴力是一种超我的限制失效后不受控制的社交网络行为。在社交网络行为冲突中，个体会不合理、不恰当地使用心理防御机制，这种防御机制是具有攻击性的，具体表现为在网络上会直接或间接地攻击他人。另外，无意识的、集体性的错误引导，促成了网络暴力的发生和发展。大学生是社交网络的主要使用群体，由于大学生生理方面的成长往往会先于其心理的发展，致使他们在频繁使用社交网络的同时，易受网络不良信息的影响甚至误导，从而导致个别大学生成为社交网络暴力的行为主体。大学生在参与社交网络暴力的同时，也易成为社交网络暴力的受害者，由于其心理抵御能力相对较弱和认知水平相对较低等特点，社交网络的攻击会损害其心理健康，从而导致抑郁情绪的产生。

2. 社交网络自我呈现倾向与抑郁的关联机理

（1）基于领悟社会支持中介效应的反向抑制机理

个体在社交网络中的自我呈现往往以更新状态、开展评论、发布信息等方式进行，在该过程中可感知到来自社交网络的支持。同时，与他人的互动也提高了大学生的社交技能,这种良性循环有利于维持他们的心理健康。因此,领悟社会支持可作为中介变量,在大学生社交网络自我呈现这个暴露因素对结局变量抑郁的影响中,通过积极的心理认知和适当的社会应对来抑制抑郁的发生。符号互动理论认为,个体可有意识地通过某些行为方式,来调节他人对自己的印象,并有意或无意地建立和维护自己在他人心中的形象。该理论是自我呈现的理论基础。大学生在社交网络中的自我呈现行为,具有积极的或者正向的心理预期,他们希望与他人形成良性互动。在自我呈现过程中,如果大学生感知到来自社交网络的社会支持,则可以在一定程度上满足他们的心理预期,这有利于积极心态的形成和建立,从而降低抑郁的发生。

(2)基于孤独中介效应的情绪同化机理

个体在社交网络中的自我呈现,是现实生活中自我展示的延伸,含有渴望引起他人关注的心理预期。而个体的自我呈现总伴有不自觉的社会比较,若个体的自我呈现行为未达到心理预期,则会产生心理落差,导致孤独感,进而产生相应的同化性抑郁情绪。因此,孤独基于情绪同化机理在社交网络自我呈现对抑郁的影响中产生中介作用。

社会比较理论认为,个体会产生对自身能力和观点进行评价的动机,并在该动机驱使下寻求不同来源的信息来进行自我评价,包括搜集社会性相关信息,通过与他人的对比进行自我定位,从而获得相应社会评价。当大学生在社交网络上进行自我呈现时,会无意识地进行社会比较,并希望获得他人的关注和良性评价。大学生若在社交互动过程中发现自己的自我呈现行为获得他人的关注和评价较少,例如,通过社会比较发现自己所获得的关注量低于其他同学自我呈现所获得的关注量,则会产生孤独感,从而影响大学生的心理健康,导致抑郁情绪的产生。

(3)基于社交网络暴力中介效应的情绪补偿机理

社交网络中的自我呈现往往是通过视频、文字或者图片的方式来展现。此外,网络的匿名性消除了个体的很多担忧,使个体愿意通过网络进行真情表达。

而负面情绪的过度或过多表露,易导致社交网络暴力的发生,不利于个体的心理健康,遭受社交网络暴力的个体更易因为心理创伤而产生抑郁情绪。

个体-环境匹配理论将个体在社交网络中的自我呈现行为分为两种方式:一是补充型自我呈现,二是补偿型自我呈现。补充型自我呈现强调相似性,即网络呈现是现实自我的相似性延伸;而补偿型自我呈现则强调相异性,即网络所呈现的自我是现实生活中不能或不愿表达的自我。个体在现实生活中所压抑的负性情绪在社交网络中得以发泄和释放,从而导致社交网络暴力的发生,该行为反作用于暴力主体和受害者,进一步加重双方的负性情绪。社交网络暴力冲突如未能妥善解决,会进一步影响大学生的心理健康,导致抑郁情绪的出现。

4.3.6 基于社交网络使用的大学生抑郁干预策略理论模型的构建依据

基于社交网络使用的大学生抑郁干预策略理论模型依据前文理论基础和实证研究而构建,通过团队训练和团体辅导提升大学生自我认知能力和水平,使大学生在重塑自我的情况下,改变上网行为,缩短上网时间,掌握网上网下沟通技巧,提升人际交往能力,感知更多社会支持,减少孤独感,避免社交网络暴力,最终实现改善孤独情绪、降低抑郁水平的目标。

1. 大学生抑郁与社交网络使用时间、社交网络成瘾的关系

研究结果表明,大学生每天使用社交网络的时间与抑郁显著相关,社交网络成瘾与抑郁呈正相关,由此我们假设可以通过改变大学生每天使用社交网络的时间、消除大学生的社交网络成瘾倾向来化解大学生有可能产生的抑郁情绪。比如本研究得出的一个重要结论:大学生抑郁在社交网络使用时间不超过

4 时/天时呈现低水平状态,而当社交网络使用时间超过 4 时/天时,抑郁水平急剧上升。因此,在基于社交网络使用的大学生抑郁干预策略理论模型中,在第三阶段专门开展基于自我认知的时间管理培训,引导大学生提升时间管理效能,学会合理规划安排时间,有效控制社交网络使用时间,最终通过引导学生减少每天使用社交网络时间,避免社交网络成瘾倾向,进而消除陷入抑郁的风险,化解可能产生的抑郁情绪,降低抑郁水平。

2. 大学生抑郁与社交网络暴力的关系

社交网络暴力与抑郁呈正相关关系,社交网络暴力可作为中介变量,在社交网络成瘾等社交网络使用的暴露因素对结局变量抑郁的影响中发挥作用。引导大学生尽量避免、减少遭遇社交网络暴力,可以降低大学生的抑郁水平。因此,在基于社交网络使用的大学生抑郁干预策略理论模型中,第四阶段紧紧围绕基于自我认知的网络人际沟通能力的提升,引导大学生掌握社交网络沟通的特点和技巧,向大学生阐释社交网络沟通的特点和特性,让大学生在使用社交网络时能够恰当表达,从而减少在社交网络中遭遇暴力的可能性。概括而言,第四阶段主要聚焦三个目标,一是让大学生能够了解社交网络软件的使用特性、特点,掌握社交网络使用技巧;二是加强大学生人际沟通交往能力,实现良好网络表达;三是培养大学生良好的道德观念和豁达的网络心态,避免社交网络冲突,从而实现保持良好心情、降低抑郁水平的目的。

3. 大学生抑郁与领悟社会支持的关系

领悟社会支持水平与社交网络成瘾、孤独、抑郁等均呈现负相关关系,领悟社会支持作为中介因素,通过动态效应和缓冲效应有效缓冲和改善大学生因社交网络成瘾、社交网络使用时间过长所导致的抑郁情绪。家人支持、朋友支持是领悟社会支持的两个分维度,且均与抑郁等呈现负相关关系。因此,在基于社交网络使用的大学生抑郁干预策略理论模型中,第五阶段聚焦于引导大学生有效改善网络人际关系和现实人际关系，引导大学生重视人际关系的维系和获取，鼓励大学生积极感受和领悟家人对自己的亲情、同学对自己的友情，通过提升交流沟通能力让家长与学生、教师与学生、学生与学生之间形成良性互动，让学生体会到亲情的支持，感悟到大学生活的幸福美好，提升领悟社会支持能力，保持积极向上的心态，让学习成为生活的主旋律，让运动、读书成为习惯，能够“走下网络，走出宿舍，走向操场”，从而减少社交网络使用时间，消除社交网络成瘾倾向，最终降低抑郁水平。

4. 大学生抑郁与孤独的关系

孤独与社交网络成瘾、抑郁等均呈现正相关关系，改善和消除大学生的孤独感，可以有效预防或者是消解他们的抑郁情绪。研究发现，孤独可作为中介变量，在社交网络成瘾等社交网络使用的暴露因素对结局变量抑郁的影响中发挥作用。因此，可以通过引导大学生进行自我社会角色认定、提高自我认知来改善其孤独感。不少大学生从高中进入大学之后，往往有一段迷茫期。因为大学不像高中时期那样奋斗目标明确，所以不少大学生进入大学之后，会短暂性失去奋斗的方向，认为离毕业还很远，从而丧失奋斗的主动性，让自己处于混乱状态，容易在“自我发呆”或者网络世界中度过青春时光，久而久之，要么产生被社会遗弃的孤独感，要么网络成瘾。因此，在基于社交网络使用的大学生抑郁干预策略理论模型中，无论是第四阶段中基于自我认知的网络人际沟通能力的提升，还是第五阶段中基于自我认知的网络及现实人际关系的认识与改善，都是引导大学生合理利用社交网络，实现恰当的自我角色定位，明确个人发展方向，从内心提升对生命的认知，激发主观能动性，从而达到减少孤独感、降低抑郁水平的目的。

第五章　针对大学生抑郁的社交网络使用心理干预研究

国内外针对大学生抑郁的干预研究有很多,本研究拟在原有研究的基础上,以课题组前期的研究结果和构建的基于社交网络使用的大学生抑郁干预策略理论模型为理论支撑,结合团体辅导相关理论和团体干预实践经验,开展针对大学生抑郁的社交网络使用心理干预研究,并在此基础上提出改善大学生抑郁情绪、降低大学生抑郁水平的干预策略。

5.1　研究对象与方法

5.1.1　研究设计

本研究采用干预性实验研究,将研究对象随机分为干预组及对照组,在前文中提到的干预策略理论模型的基础上,结合现实依据和干预实施团队多年来积累的心理咨询和辅导的实践经验,设计出此次干预实施方案。在干预前(测量时点 T1)、干预后 1 个月(测量时点 T2)及干预后 2 个月(测量时点 T3)三个时间节点分别对干预组和对照组进行问卷调查。干预方式主要是团体心理辅导活动和每天的温馨提示。

5.1.2 样本量的计算与研究对象

1. 样本量的计算

本研究采用公式(5-1)进行大学生抑郁干预实验所需样本量的计算。

$$n=\frac{(Z_{1-\alpha/2}+Z_{1-\beta})^2\times({\sigma_1}^2+{\sigma_2}^2)^2}{\delta} \tag{5-1}$$

公式中,n 代表每组样本含量,$Z_{1-\alpha/2}$和 $Z_{1-\beta}$查阅 Z 值表可知,σ_1 代表第一组的标准差,σ_2 代表第二组的标准差,δ 代表具有临床意义的两组差值。根据公式的需要分为干预、对照两组进行大学生抑郁的干预实验,根据干预实验的研究结果,并参考以往其他学者的研究成果,干预 5 周后,干预组、对照组两组干预前后的差值为15.47,干预组干预前后平均值的标准差 σ_1 为12.26,对照组干预前后平均值的标准差 σ_2 为5.26,根据公式(5-1),采用 PASS 软件计算样本量,经计算两组样本量至少各需要 11 例,故总样本量至少需要 22 例,为了提高干预实验的研究效果,在本干预实验的正式实验中,干预组和对照组两组各选取样本 30 例,总样本量为 60 例。

2. 研究对象

本研究选取陕西某高校的大学生为研究对象,通过网络平台发布招募信息,对报名的同学进行面试,面对面交流,并通过交流深入了解学生参加团体活动的动机,同时将组织本次活动的目的、意义、规则等详细介绍给学生,让学生通过详细了解活动具体安排,再次选择是否参加该团体活动,同时团体面试小组也通过面试交流将参加意愿不强烈的同学剔除。具体的纳入标准和排除标准如下。

纳入标准:①使用社交网络;②了解并有意愿全程参加本次活动;③如果被随

机分到实验组,能协调时间参加全部团体干预辅导活动;④自愿签订知情同意书。

排除标准:不知情同意者或者知情后自愿退出本项目者。

具体面试内容和目的如下:一是了解报名成员的基本情况,剔除掉意愿不强烈的报名者,筛选出被试成员;二是向活动参与者详细介绍本次团体活动的目标、设计内容、活动时长、活动方式等具体信息;三是向活动参与者说明本次活动的具体要求和规则,并再次提醒参与意愿强烈的成员是否可以协调时间全程参与,并把参与意愿强烈且可以确保全程参与的同学作为优先选择对象;四是对已报名并进行了面试但不适合参加本次活动的同学给予善意的解释说明;五是根据活动参与的动机、意愿及与此次团体辅导的匹配度,最终筛选确定研究对象 60 人,采用随机数字表法将研究对象分为干预组 30 人、对照组 30 人。本研究已向西安交通大学医学部伦理委员会报备并获得批准。研究对象基本情况见表 5－1。

表 5－1　研究对象基本情况表　　单位:人

组别	性别		年级		专业		总人数
	男	女	大一	大二	医学	理工	
干预组	10	20	28	2	30	0	30
对照组	10	20	27	3	28	2	30

表 5－1 表明,本次干预组与对照组人数一致,总计都是 30 人,其中男女比例均为 1∶2,均以大一学生为主体,干预组全部是医学专业,对照组绝大多数是医学专业,两组人员构成合理。

3. 实验设计

本研究采用干预组与对照组干预前后测试的等组实验设计,干预组和对照组各 30 人,两组总计 60 人。干预实施前对干预组和对照组进行第一次测试,对干预组进行历时 35 天的团体干预,对照组不实施干预,干预实施 1 个月后对干预组和对照组进行第二次测试，干预实施 2 个月后对干预组和对照组实施第三次测试。

4. 实施过程

2020 年 11 月进行被试成员的招募、筛选和确定。2020 年 11 月下旬对干预组和对照组被试成员进行干预实施前测试，记为第一次测量时点(T1)，2020 年 11 月下旬至 2020 年 12 月下旬对干预组的被试成员进行团体辅导，共开展了 5 次团体辅导活动，每周进行 1 次，其中 2 次线上活动、3 次线下活动，线上活动每次约 1.5 小时，线下活动每次约 3 小时。同时建立干预组成员微信群，每天专人定时在微信群提醒干预组成员有节制地上网，提醒内容如下：各位同学大家好，过度上网有害健康，建议你放下手机，走下网络，走向操场，多多运动，或者走进图书馆，捧起书本静心阅读，或者与同学、舍友聊天，度过愉快时光。对照组全程没有采取任何干预措施。干预实施后 1 个月，2021 年 1 月下旬对干预组和对照组进行第二次测试，记为第二次测量时点(T2)。干预实施后 2 个月，2021 年 2 月下旬对干预组和对照组进行第三次测试，记为第三次测量时点(T3)。

5.1.3 研究方法

1. 干预研究过程

干预实验能否成功由以下几个关键因素决定：一是干预实施团队是否素质过硬；二是干预实施场地是否合适；三是干预实施对象是否知情、热情；四是干预实施计划是否周密；五是干预措施是否得当合理。

(1) 干预实施团队介绍

干预实施团队成员的素质、心态、经验决定着其把控场面的能力，也决定着能否完全调动被干预对象的参与热情和投入程度。如果在团体辅导的过程中，被干预对象能和团体领导者产生共情，则会达到事半功倍的效果，反之则会引发学生的参与倦怠感，使辅导效果达不到预期目标。本次干预实施团队为理论知识扎实、团体辅导经验丰富的西安交通大学心理咨询中心团队，团队成员包括姚老师、李老师、闫老师以及本书作者。姚老师长期从事心理咨询工作，有丰富的咨询经验，擅长处理学校适应、焦虑、抑郁、社交网络过度使用等问题的咨询。李老师擅长使用沙盘、绘画等表达性心理咨询方法帮助大学生处理成长中的困惑，曾参与大学生压力、青少年网络暴力等多项研究课题。闫老师擅长处理人际关系障碍的咨询，曾参与青少年网络成瘾的预防性干预等多项研究课题。本书的作者，在读医学博士，研究方向为网络思想政治教育及大学生心理健康教育，长期从事学生工作并具有丰富的处理大学生心理问题的经验，主持国家、省部级及校级课题 12 项，具备坚实的专业技能和丰富的研究经验。

（2）干预实施场地的选择

干预实施场地也是影响团体辅导的关键因素之一。一般团体辅导的空间应该比较宽敞，便于活动的开展，另外还要安静温馨，这样有利于学生的专注和投入。考虑到干预组的成员有 30 人，全部都是医学专业的学生，因此本次干预实施的场地选在了西安交通大学医学校区活动中心二楼活动室，该活动室面积大概 80 平方米，环境好，有可移动的桌椅，完全可以满足活动的需要。

（3）干预实施对象的选择

如前文所述，本次干预组的干预实施对象均经过自我报名、面试面谈、签名确认等环节进行了严格筛选，参与者均表示有强烈的参与热情和意愿。为了干预实施的顺利进行，在干预实验正式开始前，又组织干预组的所有干预实施对象当场签署了本次活动的“知情同意书”，就相关事宜再次进行解释说明。

（4）干预实施方案

干预实施团队根据前文所介绍的构建干预策略的理论基础、现实依据，并结合干预实施团队多年积累的心理咨询和辅导的实践经验，设计出干预实施方案。干预实施过程具体分为五个阶段（如图 5－1 所示），具体情况见表 5－2 和下文：

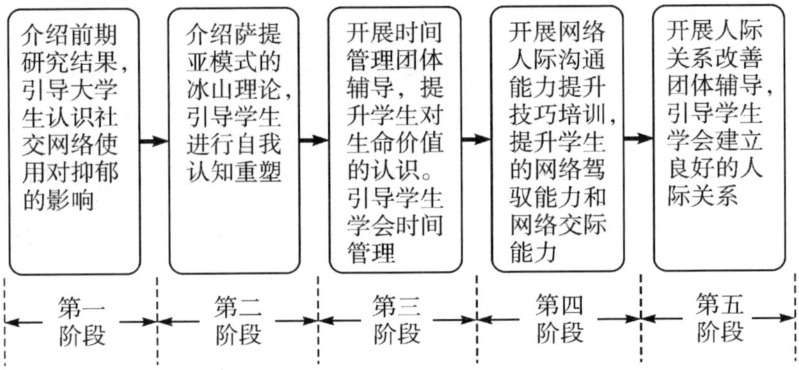

图 5－1　大学生抑郁干预实施方案路线图

表 5－2　大学生抑郁干预实施具体情况

干预阶段	干预主题	干预时长	干预方式	主要内容
第一阶段	认识社交网络使用对抑郁的影响	2.5 小时	线下讲授	(1)当前大学生使用社交网络的情况;(2)大学生抑郁基本概况;(3)良好的人际关系的重要性;(4)社交网络成瘾等对抑郁的影响
第二阶段	基于社交网络使用对抑郁的影响进行自我认知重塑	2.5 小时	线上讲授	(1)让学生在 A4 纸上画自画像,并对其命名;(2)介绍萨提亚模式基本情况;(3)介绍冰山理论
第三阶段	基于自我认知的时间管理团体辅导	3.5 小时	线下团体辅导	(1)破冰游戏大风吹;(2)个人生命线的绘制与分析;(3)理想的时间分配饼图;(4)心有千千结活动
第四阶段	基于自我认知的网络人际沟通能力提升技巧培训	2.5 小时	线上讲授	(1)个体沟通目的及人际沟通形式;(2)网络人际沟通的类型及其优缺点;(3)网络人际沟通平台特点介绍;(4)常见网络人际沟通问题;(5)网络人际沟通技巧介绍

续表

干预阶段	干预主题	干预时长	干预方式	主要内容
第五阶段	基于自我认知的网络人际关系及现实人际关系改善的团体辅导	3.5 小时	线下团体辅导	(1)孵鸡蛋游戏;(2)制作个人名片;(3)分角色“自我介绍”;(4)个人人际圈分析;(5)快乐按摩圈,真正理解人际关系的重要性

第一阶段:基于本文的研究成果介绍社交网络使用对抑郁的影响。主要目标是让干预实施对象了解过度使用社交网络对心理健康的不良影响,为后续干预实施奠定良好基础。主要内容包括当前大学生使用社交网络的情况,大学生抑郁基本概况,良好的人际关系及高水平的领悟社会支持对大学生心理健康的重要性,社交网络成瘾、社交网络暴力、孤独等对抑郁的影响等,本阶段的干预实施以线下讲授的方式进行。

第二阶段:基于社交网络使用对抑郁的影响进行自我认知的重塑。主要目标是帮助干预实施对象理解行为之下影响心理的更深层的因素,并实现自我认知的重塑。主要内容是围绕着萨提亚模式的冰山理论进行深入系统讲解。主要内容包括:让学生在 A4 纸上画一幅自画像,并对其命名(3 分钟)。介绍萨提亚模式基本情况,可以聚焦提高个体自尊、改善沟通等,最终使个体“身心整合内外一致”。通过冰山理论剖析个体行为和个体的内心世界,从上而下、从外到内依次剖析个体的行为、应对、感受、对感受的反应、观点、期待、渴望、自我。行为是通过感官可以直接体验到的意识范畴的内容,是故事的最原始版本,也是最让个体困惑和让个体感到烦恼的部分;应对是对外在情景的回应,反映出个体的生存状态(指责、讨好、理性等);感受即感知周遭的环境,比如对友善感到愉悦,对伤害感到愤怒等,是个体与生俱来的生存能力;对感受的反应只有两种,要么是压抑、否定、忽略,要么是承认、接纳、表达;观点是个体后天习得的对自己、对他人和对世界的想法、认知、信念和生存法则,是内在的主观现实;期待就是想要什么,想怎么做,希望发生什么,包括对自己的期待、对别人的期待、角色期待、关系期待等;渴望是人类共通的需要,是人类生存的基本需要,人类普遍需要爱、价值、自由、尊重、认可、关注、接纳等;自我就是人的本质、存在、生命力,它决定了“我是谁”,决定个体与世界的关系。最后给予干预实施者的启示是“每个人的身上都有太阳,只是要让它发光”。本次活动采用线上讲授的方式进行。

第三阶段:基于自我认知的时间管理团体辅导。主要目标是提升学生对生命和价值的认识,引领学生重新确定人生目标,召唤奋斗的内生动力,学会时间管理,控制日常上网时间,有效规划大学生活,并以游戏的形式让学生感悟没有克服不了的困难。主要内容包括四部分:

一是破冰游戏大风吹。所有成员围成一个大圈,每个人坐定一个位子,然后主持者说“大风吹”,其他参与成员均问“吹什么”,主持者的回答以部分成员的特征或者穿着为主题,比如说“吹穿白球鞋的人”等,主持人说完后,所有穿白球鞋的成员就是被吹到的人,他们需要互换位置,其他成员保持原来的位置不动,此时主持者也要加入其中占一个座位,最后有一个成员会没有座位,该成员此时将会接受一份特殊的“奖励”并开始担任下一轮的主持人。

二是生命线绘制与分析。每位成员画一条线段,左端标出自己的出生日期,右端标出自己预测的个人死亡年龄(可以综合各种情况进行预测),然后在线段上标出个人现在的位置(就是现在的年龄)。完成之后引导成员思考:过去哪三件事情最令自己难忘或者对自己影响最大;未来自己最想实现哪三个目标或者最想做哪三件事情。考虑 3 ~ 5 分钟后,即可把想好的答案用彩笔画在纸上,然后让每个成员按照自己画出的生命线与其他成员逐一分享交流。分享主题:讲述自己最难忘的事情以及最难忘的事情对自己的影响,描述出主导自己人生的事物,分享自己是否为个人的预设目标付出了努力并已付诸实践。

三是时间分配饼图绘制与分析。即在纸上画出饼图,分别代表理想的时间分配饼图,实际的时间分配饼图,介于实际与理想之间的时间分配饼图,以 24

小时为分配对象。加入“时间优化矩阵”，再重新分配时间，看看大家的安排是否有所改变。

四是心有千千结活动。即辅导者让每组成员手拉手围成一个圈，每位成员要记住自己左手边和右手边分别是哪位成员，确认记住后所有成员都松开手，然后都可以在圈里随便走动，辅导者叫停后，成员立即定格不再移动，此时每位成员伸手拉原来左右手所拉的同伴，此时就会形成许多结或扣。在所有成员不松手的情况下，要求想办法恢复到原来的状态，在解开“结或扣”的过程中，成员们可以跨、可以钻、可以绕。该活动需要成员有耐心，互相配合，齐心协力。当排除困难、解决问题时，请成员分享参加活动的感受。本阶段的干预实施以线下团体辅导的方式开展。

第四阶段：基于自我认知的网络人际沟通能力提升技巧培训。主要目标为提升成员的网络人际沟通能力，使他们恰当运用社交网络进行社交活动，避免社交网络暴力，提高领悟社会支持水平，减少孤独，从而降低抑郁水平。主要内容包括：明确个体沟通目的与人际沟通形式，沟通目的主要是获取信息、交流思想、分享情感、平衡心态、促进人际关系改善等，沟通形式主要包括言语沟通和非言语沟通；网络人际沟通的类型及其优缺点，从信息传递形式、响应速度、参与人数等三个层面分析；常用网络人际沟通平台特点介绍，包括微信、微博、QQ、论坛、抖音等；常见网络人际沟通问题，包括表达问题、理解问题、信息传递问题、沟通时效问题等；网络人际沟通技巧介绍，包括明确沟通的目的和期望，选择合适的网络沟通渠道，清晰表达自我，适时澄清和回应，学会共情和理解，提出要求时多用协商语气，善用非言语沟通，善于做小结，强调重要事项等。本阶段的干预实施以线上讲座的方式开展，并在线上进行互动。

第五阶段：基于自我认知的网络人际关系及现实人际关系改善的团体辅导。主要目标是通过活动让学生认识到人是社会的人，认识到人际关系的重要性，并珍惜所拥有的人际关系，学会角色扮演、学会换位思考，学会从家人、朋友、同学那里感知社会支持，学会建立良好的人际关系。主要活动内容包括五部分:一是孵鸡蛋游戏。操作过程是所有人蹲在地上成为鸡蛋,鸡蛋遇到另一鸡蛋,与其猜拳,赢者变成小鸡,输者继续做鸡蛋,寻找其他鸡蛋猜拳;小鸡半蹲,再寻找其他小鸡,与之猜拳,赢了变成大鸡,站起来寻找其他大鸡猜拳,赢者可以坐在椅子上休息,输者变成小鸡,继续游戏。二是制作个人名片。在A4纸的中间写上姓名,左边为身份,右边为角色,上面写上自己的性格特点,下面写一句人生格言。三是分角色"自我介绍"。分别用自己、好朋友、初次相见的人、高中班主任、父母、手机等的视角把自己介绍给他人。在相互认识后,让学生谈谈自己的体会。四是个人人际圈分析。你的人际圈是怎样的?以自己为中心,画人际圈,包括现实的人际圈与理想的人际圈,并分别打分,思考怎样从现实的人际圈转到理想的人际圈。讨论:人际圈的满意度的变化以及自己对人际圈的认识。五是快乐按摩圈。所有人站成一个圈,互相拍拍肩膀,帮助他人缓解疲劳,让同学们理解人际关系的重要性。本阶段的干预实施以线下团体辅导的方式开展。

研究团队在干预活动实施的过程中建立了反馈机制,每次团体培训或者辅导活动结束之后,指导老师都会和学生有深层次互动。首先,给学生答疑解惑,对学生在培训或者活动过程中不清楚的内容进行再次讲解;其次,现场让学生述说参加培训或者团体辅导之后的收获、感受和体会;再次,大家共同讨论团体辅导的内容安排、活动氛围等是否有需要改进的地方,以及活动形式大家是否喜欢等,为下次活动的安排提供经验参考;最后,每位成员在每次活动结束后都要书写一篇心得体会,并提交给老师。

2. 研究工具

本研究中所涉及的社交网络成瘾、领悟社会支持、孤独、社交网络暴力、抑郁等指标的测量仍然采用了本书第三章所介绍的测试量表,分别对应"社交网络成瘾量表""领悟社会支持量表""孤独量表""社交网络暴力量表""抑郁量表"。具体详见第三章的介绍。

3. 数据处理及统计分析

本研究所有实验数据均采用 IBMSPSS 24.0 软件进行统计分析，基于社交网络使用对抑郁影响的路径，构建出大学生抑郁干预策略理论模型，在此基础上设计出大学生抑郁干预研究路线，采用干预组和对照组前测、后测实验设计，在统计分析前对数据进行球形假设，得出重复测量的数据间不存在相关性的结论，符合球对称（$P > 0.010$），可按重复测量方差分析进行统计处理及简单效应分析。对干预组和对照组干预前、干预后 1 个月和干预后 2 个月的抑郁、领悟社会支持、孤独、社交网络暴力、社交网络成瘾三次测量时点的平均值进行分析比较，检验干预效果；根据对干预组成员的效果评价和满意度调查进行量化效果评价，根据干预组成员的心得体会书面材料，进行质性效果评价。由此，提出大学生抑郁的干预策略。

5.1.4　研究路线

本研究基于理论基础和实证依据，构建出大学生抑郁干预策略理论模型，根据研究的具体内容和目标，针对研究对象运用相关研究方法，结合实验设计所规划的研究技术路线如图 5－2 所示。

5.2　结果

5.2.1　结果分析

研究结果分析包括五部分，一是采用独立样本 t 检验比较干预前后干预组和对照组的测试结果；二是采用重复测量方差分析比较干预前后干预组和对照组的测试结果；三是采用简单效应分析进行干预组、对照组干预前后各测量时

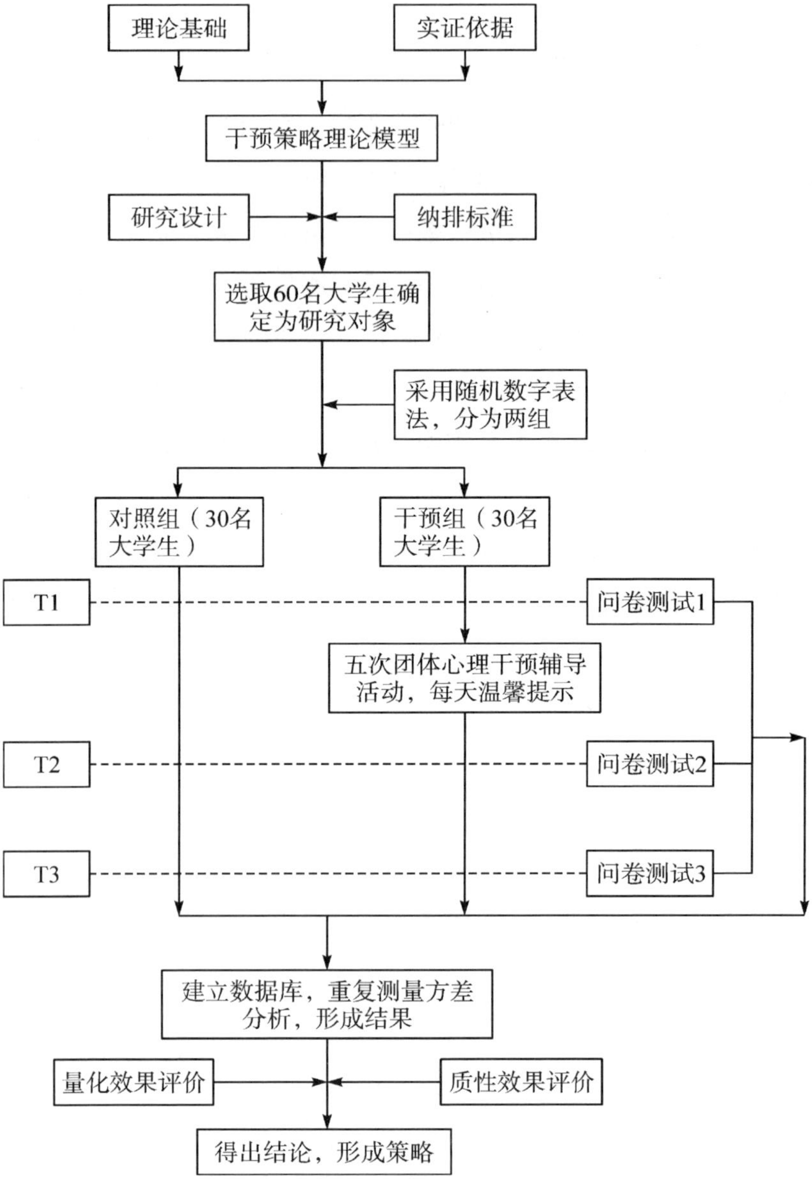

图 5－2　针对大学生抑郁的社交网络使用心理干预研究技术路线图

点抑郁等因素平均值的比较；四是采用简单效应分析进行干预组、对照组各测量时点抑郁等因素组内平均值的比较；五是干预组和对照组各测量时点抑郁等因素平均值的曲线变化趋势比较和呈现。

1. 干预组和对照组干预前的测试结果比较

采用独立样本 t 检验对干预组和对照组干预前的测试结果进行差异性检验，结果见表 5－3：干预组与对照组在社交网络成瘾、领悟社会支持、孤独、社交网络暴力以及抑郁得分方面均无显著性差异（$P>0.050$），说明所选取的干预组和对照组的被试之间无差异，适合开展两组被试之间的干预比较研究，因此干预实验可以进一步开展。

表 5－3　干预组和对照组干预前测试结果差异检验

因素	干预组（30 人）（$M\pm SD$）	对照组（30 人）（$M\pm SD$）	t	P
抑郁	16.00 ± 10.77	13.23 ± 10.57	1.004	0.319
领悟社会支持	67.63 ± 12.15	67.00 ± 14.38	0.184	0.854
孤独	18.23 ± 3.86	17.70 ± 3.94	0.529	0.599
社交网络暴力	4.87 ± 1.14	5.17 ± 1.76	−0.783	0.437
社交网络成瘾	23.53 ± 7.12	20.50 ± 4.59	1.961	0.055

2. 干预组、对照组干预前后各测量时点各因素平均值的比较

在不考虑性别、年龄、身体质量指数等协变量的情况下，采用重复测量方差分析（$F_{时}$、$F_{间}$ 为主效应值，$F_{交}$ 为交互作用值）对干预组、对照组干预前后三次测量时点（干预前一次，干预后两次）的抑郁、孤独、社交网络成瘾、领悟社会支持、社交网络暴力因素的平均值进行比较，干预组和对照组在干预前后三次测量时点抑郁、孤独、社交网络成瘾、领悟社会支持、社交网络暴力的平均值见表 5－4。抑郁（$F_{间}=124.72$）、孤独（$F_{间}=1696.28$）、社交网络成瘾（$F_{间}=1674.79$）、领悟社会支持（$F_{间}=3184.33$）、社交网络暴力（$F_{间}=996.32$）五个因素的平均值主体间主效应（$F_{间}$）均具有统计学意义（$P<0.001$），与对照组没有接受针对抑郁的社交网络使用心理团体干预辅导的学生相比，接受了针对抑郁的社交网络使用心理团体干预辅导的干预组的学生在抑郁、孤独、社交网络成

瘾、社交网络暴力四个因素方面的得分明显降低($P<0.001$),在领悟社会支持方面的得分明显提高($P<0.001$)。

抑郁($F_{时}=33.30$)、孤独($F_{时}=60.50$)、社交网络成瘾($F_{时}=25.90$)三个因素的平均值在不同测量时点的主效应($F_{时}$)均具有统计学意义($P<0.001$),领悟社会支持($F_{时}=7.57$)的平均值在不同测量时点的主效应($F_{时}$)具有统计学意义($P<0.01$),说明各测量时点抑郁、孤独、社交网络成瘾、领悟社会支持四个因素的平均值是不同的,社交网络暴力($F_{时}=0.30$)的平均值在不同测量时点的主效应($F_{时}$)没有统计学意义($P=0.589$)。

抑郁($F_{交}=23.44$)、孤独($F_{交}=22.32$)、社交网络成瘾($F_{交}=35.22$)三个因素平均值测量时点与组别的交互作用($F_{交}$)均具有统计学意义($P<0.001$),领悟社会支持($F_{交}=12.84$)平均值测量时点与组别的交互作用($F_{交}$)具有统计学意义($P<0.01$),社交网络暴力($F_{交}=5.33$)平均值测量时点与组别的交互作用($F_{交}$)具有统计学意义($P<0.05$)。也就是说干预组在干预前后三次测量时点抑郁等五个因素平均值的差异与对照组的不同,具体差异通过简单效应分析检验,进行各测量时点抑郁等因素平均值在干预组和对照组之间的成对比较,以及干预组和对照组各测量时点抑郁等因素组内平均值的比较。

在考虑性别、年龄、身体质量指数等协变量的情况下,采用重复测量方差($F'_{时}$、$F'_{间}$为主效应值,$F'_{交}$为交互作用值)分析对干预组、对照组干预前后三次测量时点(干预前一次,干预后两次)的抑郁、孤独、社交网络成瘾、领悟社会支持、社交网络暴力因素的平均值再进行比较(见表5-5)。抑郁($F'_{交}=25.64$)、孤独($F'_{交}=23.30$)、社交网络成瘾($F'_{交}=32.48$)三个因素平均值测量时点与组别的交互作用($F'_{交}$)仍然均具有统计学意义($P<0.001$),领悟社会支持($F'_{交}=12.64$)平均值测量时点与组别的交互作用($F'_{交}$)仍然具有统计学意义($P<0.01$),社交网络暴力($F'_{交}=4.27$)平均值测量时点与组别的交互作用($F'_{交}$)也仍然具有统计学意义($P<0.050$)。也就是说干预组在干预前后三次测量时点抑郁等五个因素平均值的差异与对照组仍然是不同的。

表 5－4　干预组、对照组干预前后各测量时点抑郁等各因素均值的比较（不考虑协变量）

因素	干预组（$n=30$ 人）（$M\pm SD$）			对照组（$n=30$ 人）（$M\pm SD$）			$F_{时}$	P	$F_{交}$	P	$F_{间}$	P
	T1	T2	T3	T1	T2	T3						
抑郁	16.00±10.77	3.00±4.65	3.43±5.14	13.23±10.57	15.70±9.73	12.13±9.36	33.30	<0.001	23.44	<0.001	124.72	<0.001
孤独	18.23±3.87	13.17±3.04	11.0±4.14	17.70±3.94	17.07±3.52	15.93±4.56	60.50	<0.001	22.32	<0.001	1696.28	<0.001
社交网络成瘾	23.53±7.12	12.87±4.90	12.67±5.40	20.50±4.59	21.23±4.92	21.33±5.37	25.90	<0.001	35.22	<0.001	1674.79	<0.001
领悟社会支持	67.63±12.15	78.50±9.05	79.07±9.71	67.00±14.38	65.93±12.13	65.50±12.71	7.57	0.008	12.84	0.001	3184.33	<0.001
社交网络暴力	4.87±1.14	4.30±0.84	4.43±0.97	5.17±1.76	5.60±2.06	5.87±2.32	0.30	0.589	5.33	0.025	996.32	<0.001

表 5－5　干预组、对照组干预前后各测量时点抑郁等各因素均值的比较（考虑协变量）

因素	干预组（$n=30$ 人）（$M\pm SD$）			对照组（$n=30$ 人）（$M\pm SD$）			$F'_{时}$	P	$F'_{交}$	P	$F'_{间}$	P
	T1	T2	T3	T1	T2	T3						
抑郁	16.00±10.77	3.00±4.65	3.43±5.14	13.23±10.57	15.70±9.73	12.13±9.36	0.57	0.454	25.64	<0.001	0.20	0.655
孤独	18.23±3.87	13.17±3.04	11.0±4.14	17.70±3.94	17.07±3.52	15.93±4.56	0.30	0.586	23.30	<0.001	0.28	0.599
社交网络成瘾	23.53±7.12	12.87±4.90	12.67±5.40	20.50±4.59	21.23±4.92	21.33±5.37	1.23	0.273	32.48	<0.001	0.004	0.949
领悟社会支持	67.63±12.15	78.50±9.05	79.07±9.71	67.00±14.38	65.93±12.13	65.50±12.71	4.62*	0.036	12.64	0.001	10.72	0.002
社交网络暴力	4.87±1.14	4.30±0.84	4.43±0.97	5.17±1.76	5.60±2.06	5.87±2.32	0.77	0.383	4.27	0.044	0.21	0.651

注：加入协变量性别、年龄、身体质量指数之后的数据结果。

3. 各测量时点抑郁等因素的平均值在干预组和对照组之间的成对比较

采用重复测试方差和简单效应分析对各测量时点抑郁、孤独、社交网络成瘾、领悟社会支持、社交网络暴力等因素的平均值分别在干预组和对照组之间进行成对比较，结果见表5－6：抑郁、孤独、社交网络成瘾、领悟社会支持、社交网络暴力在干预前的测量时点T1干预组和对照组的平均值差异不显著，说明两组在干预前的差异没有统计学意义；在干预后的测量时点T2和T3，干预组和对照组抑郁、孤独、社交网络成瘾、领悟社会支持的平均值均存在极显著差异（$P<0.001$），社交网络暴力的差异较为显著（$P<0.01$）。

表5－6　各测量时点抑郁等因素的平均值在干预组和对照组之间的成对比较

因素	测量时点	干预组与对照组的平均值差（干预组－对照组）	标准误差	差值的95% CI		P
				下限	上限	
抑郁	T1	2.77	2.76	－2.75	8.28	0.319
	T2	－12.70	1.97	－16.64	－8.76	<0.001
	T3	－8.70	1.95	－12.60	－4.80	<0.001
孤独	T1	0.53	1.01	－1.48	2.55	0.599
	T2	－3.90	0.85	－5.60	－2.20	<0.001
	T3	－4.93	1.13	－7.19	－2.68	<0.001
社交网络成瘾	T1	3.03	1.55	－0.06	6.13	0.055
	T2	－8.37	1.27	－10.91	－5.83	<0.001
	T3	－8.67	1.39	－11.45	－5.88	<0.001
领悟社会支持	T1	0.63	3.44	－6.25	7.51	0.854
	T2	12.57	2.76	7.04	18.10	<0.001
	T3	13.57	2.92	7.72	19.41	<0.001
社交网络暴力	T1	－0.30	0.38	－1.07	0.47	0.437
	T2	－1.30	0.41	－2.11	－0.49	0.002
	T3	－1.43	0.46	－2.35	－0.52	0.003

4. 干预组和对照组各测量时点抑郁等因素组内平均值的比较

采用重复测试方差和简单效应分析对干预组和对照组各测量时点抑郁、孤独、社交网络成瘾、领悟社会支持、社交网络暴力的平均值进行组内的成对比较，结果显示：在干预组内，抑郁、孤独、社交网络成瘾、领悟社会支持四个因素在测量时点 T1 和 T2、T3 的平均值的差异极为显著（$P<0.001$），测量时点 T2 和 T3 的平均值差异无统计学意义；在对照组内，抑郁、孤独、社交网络成瘾、领悟社会支持、社交网络暴力的测量时点 T1 和 T2、T3 之间的平均值差无统计学意义，测量时点 T2 和 T3 之间的平均值差异不显著，表明本次干预措施是有效的。

5. 干预组和对照组各测量时点抑郁等因素平均值的曲线变化趋势比较和呈现

图 5－3、图 5－4、图 5－5、图 5－6、图 5－7 分别描述和呈现了干预组和对照组在干预前后三次测量时点抑郁、孤独、领悟社会支持、社交网络成瘾、社交网络暴力各自平均值的变化趋势。在图 5－3 中，干预组和对照组在干预前 T1 测量时点抑郁的平均值分别为 16.00 和 13.23，干预后干预组抑郁的平均值曲线呈明显下降趋势，分值明显降低，在干预后 1 个月 T2 测量时点的平均值为 3.00，干预后两个月 T3 测量时点的平均值为 3.45，而对照组在 T2 和 T3 测量时点的平均值均在 12 以上。在图 5－4 中，干预组和对照组在干预前 T1 测量时点孤独的平均值都在 18 左右，干预后干预组孤独的平均值曲线呈明显下降趋势，分值明显降低，在干预后 1 个月 T2 测量时点的平均值为 13.17，干预后两个月 T3 测量时点的平均值为 11.00，而对照组在 T2 和 T3 测量时点的平均值没有大的变化。在图 5－5 中，干预组和对照组在干预前 T1 测量时点领悟社会支持的平均值都在 67 左右，干预后干预组的平均值曲线呈明显上升趋势，分值明显提高，在干预后 1 个月 T2 测量时点的平均值为 78.4，干预后两个月 T3 测量时点的平均值为 79 左右，而对照组在 T2 和 T3 测量时点的平均值基本没有变化。

图5－6中，干预组和对照组在干预前T1测量时点社交网络成瘾的平均值分别为23.53和20.50，干预后干预组社交网络成瘾的平均值曲线呈明显下降趋势，分值明显降低，在干预后1个月T2测量时点的平均值为12.87，干预后两个月T3测量时点的平均值为12.67，而对照组在T2和T3测量时点的平均值没有大的变化。图5－7中，干预组和对照组在干预前T1测量时点社交网络暴力的平均值分别为4.87和5.17，干预后干预组社交网络成瘾的平均值曲线呈明显下降趋势，分值明显降低，在干预后1个月T2测量时点的平均值为4.30，干预后两个月T3测量时点的平均值为4.43，而对照组在T2和T3测量时点的平均值分别为5.60和5.87，呈上升趋势。

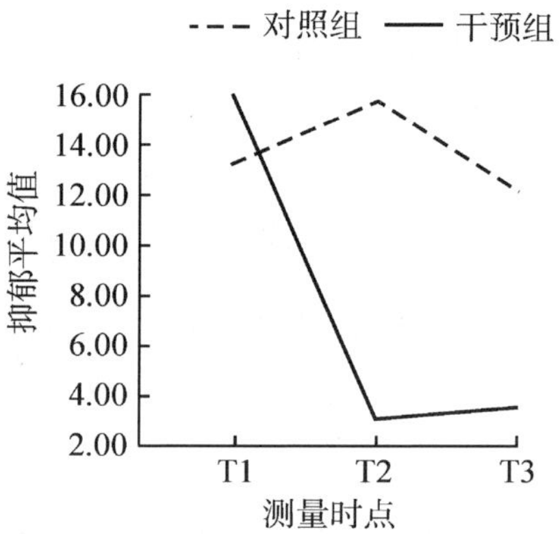

图5－3　干预组、对照组三次测量时点抑郁平均值的变化趋向比较

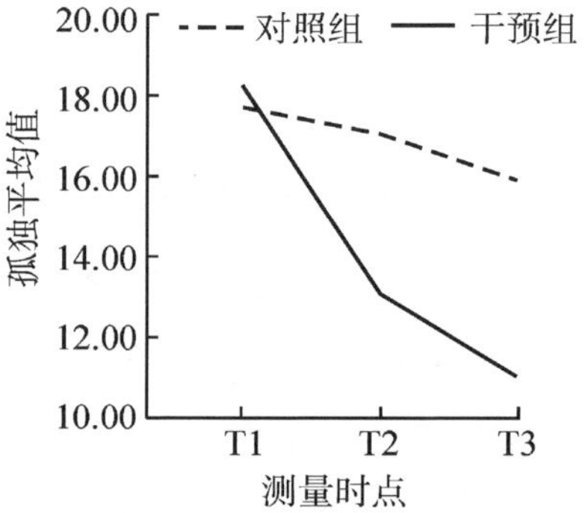

图5－4　干预组、对照组三次测量时点孤独平均值的变化趋向比较

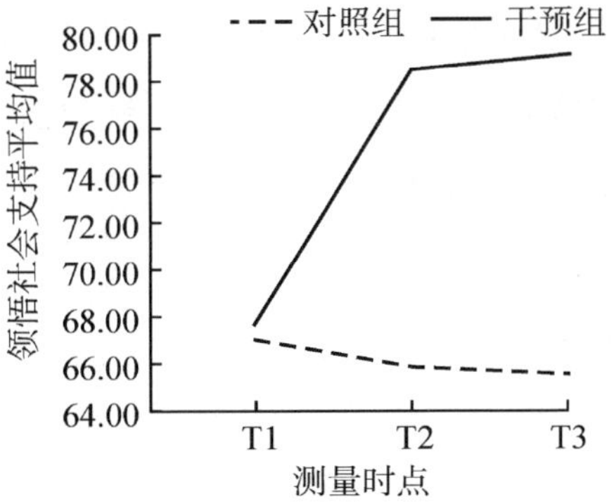

5－5　干预组、对照组三次测量时点领悟社会支持平均值的变化趋向比较

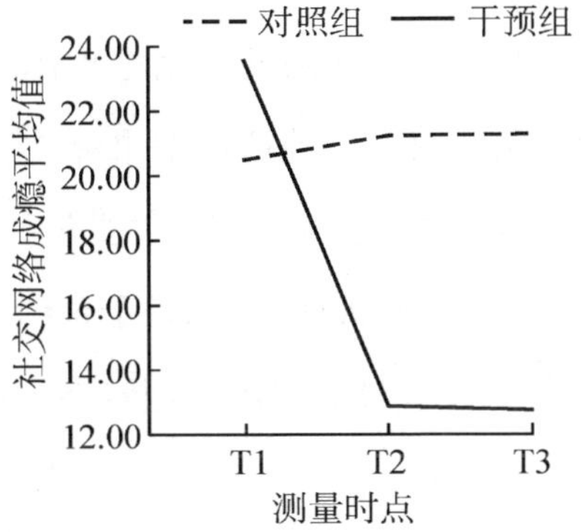

图 5－6　干预组、对照组二次测量时点社交网络成瘾平均值的变化趋向比较

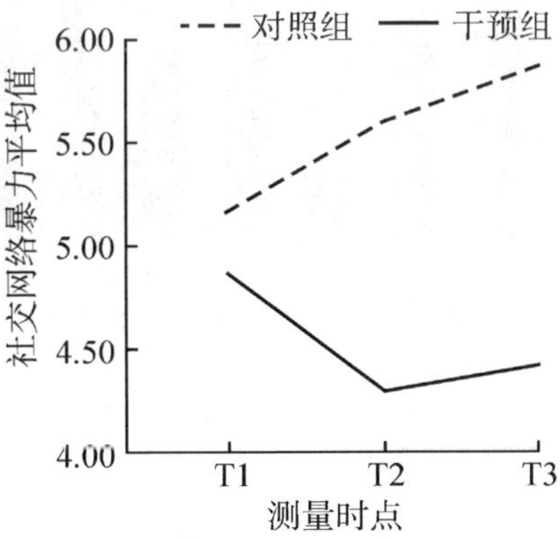

图 5－7　干预组、对照组三次测量时点社交网络暴力平均值的变化趋向比较

以上分析结果表明，在本次针对大学生抑郁的社交网络使用心理团体辅导的干预下，干预组成员抑郁平均值明显降低，领悟社会支持平均值明显提高，孤独、社交网络成瘾、社交网络暴力平均值明显下降，干预实施效果显著。

5.2.2 效果评价

1. 量化效果评价

(1)干预组成员对团体辅导干预效果的评价

在所有的针对大学生抑郁的社交网络使用心理团体辅导干预活动结束之后，对干预组被试开展了“团体辅导干预活动效果评估”问卷调查，问卷根据干预实验目的和实验内容由本课题组自行编制，主要包括三个部分，一是干预组团体成员对本次干预实验的主观评价效果，二是干预组团体成员对自我认知改变的评价效果，三是干预组团体成员对团体心理辅导干预活动的评价效果。结果见图5－8。

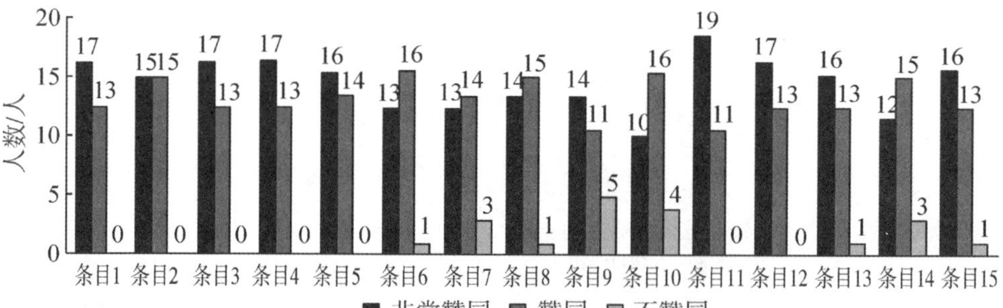

图5－8 干预组成员对本次团体辅导干预效果的评价

从干预组团体成员对本次干预实验的主观评价来看，56.7％的成员非常喜欢这次团体活动，43.3％的成员喜欢这次团体活动；63.4％的成员非常喜欢这次团体活动的内容和形式,36.6%的成员喜欢这次团体活动的内容和形式;53.4%的成员表示以后如果再次开展类似的团体活动自己肯定继续参加,46.6%的成员表示比较愿意继续参加;56.7%的成员表示本次团体心理辅导活动的目标达成度非常好,43.3%的成员表示比较好。以上表明干预组成员对本次团体心理辅导活动的组织和安排的满意度比较高。

从干预组团体成员对自我认知改变效果的评价来看,56.7%的成员认为参加本次团体辅导干预活动对自己更全面深入了解自我非常有帮助,43.3%的成员认为有帮助;56.7%的成员认为这次团体辅导活动对自己深入再认知自我生命价值非常有帮助,43.3%的成员认为有帮助;40.0%成员认为本次团体辅导活动对个人生活态度和状态的影响和改变的程度非常大,40.0%成员认为比较大。以上表明干预组成员对本次团体辅导活动有效帮助提升自我认知的满意度比较高。

从干预组团体成员对本次团体辅导干预活动实施效果的评价来看,53.4%的成员认为本次团体辅导活动对于合理规划自己的大学时光非常有帮助,46.6%的成员表示有帮助;53.4%的成员认为本次团体辅导活动对于有效控制自己的上网时间非常有帮助,46.6%的成员表示有帮助;43.4%的成员认为参加完这次团体辅导活动后自己调控自我心情的能力有很大提高,46.7%的成员表示有提高;46.7%的成员认为参加完这次团体辅导活动后获取社会支持的能力有很大提高,36.7%的成员表示有提高;30.0%的成员认为参加完这次团体辅导活动后自己的人际交往和沟通能力有很大提高,53.4%的成员表示有提高;46.7%的成员认为参加完这次团体辅导活动后自己不高兴的心情减少得非常多,50.0%的成员表示有减少。以上表明干预组成员对本次团体心理辅导活动整体满意度比较高。

(2)干预组成员对五次团体心理辅导活动的满意度评价

课题组成员自编“每次团体心理辅导活动满意度问卷”,对干预组成员进行问卷调查,结果如图5-9所示,干预组成员对团体心理辅导活动中设计的活动及组织、实施评价很高,80%以上的成员认为五次活动都很好或者非常好,其中对第一次、第三次、第五次三次线下活动评价非常好和很好的成员达到了93%,评价非常好的达到了80%,说明线下团体心理辅导活动比线上团体心理辅导活动更受学生的欢迎。

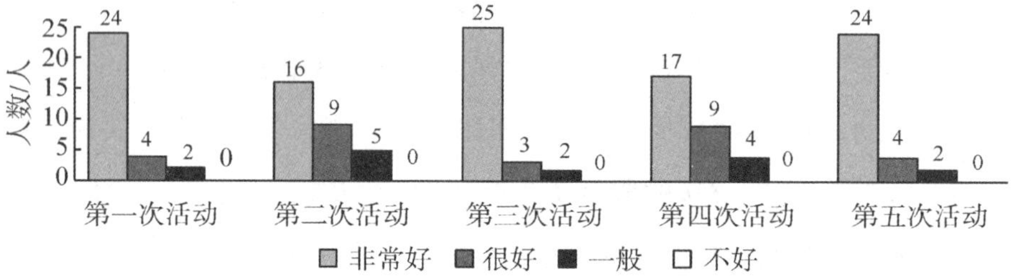

图5-9　干预组成员对五次团体辅导干预活动的满意度评价

2. 定性效果评价

定性研究是对定量研究的有力辅助和补充,本研究中的质性分析评估主要包括三部分:一是每个成员每次活动结束之后针对每一次活动所总结的个人收获、感想和体会,以及整个团体干预培训辅导结束之后,每个成员所总结的整体收获、感想和体会,同时对整个活动的整体效果进行回访研讨;二是参与成员的辅导员老师对本次活动及所分管学生参与本次活动后的评估和评价;三是参与成员家长对本次活动及自己子女参与本次活动后的评估和评价。限于篇幅,现针对每部分的内容各摘录三个案例进行分享。

(1)参与成员对五次团体辅导及整体团体辅导干预的感想、收获及评价

①基于社交网络使用对抑郁的影响。

案例1:通过本次培训,我知道了社交网络成瘾对于个体最大的危害有三点:一是沉溺于虚拟世界,学习、工作、生活的能力都会下降;二是可能会危害到他人,因为网瘾患者往往会对家庭成员有情绪或者行为上的攻击;三是会让自

己的心情变得越来越糟，甚至产生抑郁情绪。作为社交网络成瘾者，我觉得要及时戒掉网瘾，因为网瘾不仅影响了我的学习，也影响了我的社交。交际从线下转变为线上，线上的友谊并不能取代线下的友谊。每天十几个小时的上网时间可以用来做其他有意义的事。我决定放下手机拿起书本，或者与朋友进行更多交谈。

案例2：本次讲座中，老师从多个方面让我们了解和认识到一个事实，长时间使用社交网络可能会导致抑郁，除了上网，我们其实还有其他选择。大学生的日常生活并不是只有网络和游戏，还有很多其他的东西。网络确实能给我们带来一时的快乐，但是随之而来的是上网后的萎靡。网络并不能让人一直快乐。想起高中时的我，每天空闲时间能去散一散步，看一看自己喜欢的书，没有网络，但生活却充实无比。适当上网确实可以帮助我们增长见识，但是沉迷网络不仅危害我们的身心健康，同时也会让我们忽视掉很多原本存在于我们身边的宝藏。我下定决心，当自己闲来无事准备拿起手机时，多想一想：除了玩手机，我还能去做什么？是看一看买来以后基本没有看过的《人类简史》，还是用一用放在抽屉深处的那一盒彩色铅笔。

案例3：通过这次培训，我了解到社交网络可能会产生两种自我，一种是“后台”自我，即在现实世界面对面交往中的真实自我；另外一种是“前台”自我，即在社交网站上人们所希望变成的理想自我。一个人如果过度沉迷于“前台”自我的塑造，也就意味着他对“后台”自我不甚满意。这种理想与现实的割裂，很可能会加重他的孤独感。过度沉迷于网络社交不仅不利于社交能力的提升，还会造成在现实生活中的“社交失语”，更严重者还可能会产生抑郁情绪。因此我们更应该试着走出去，多与现实中的人交往、与书中的智者交往，多运动，试着用一颗强大心脏面对社交中的风风雨雨，试着从网络世界中逃离，它只是交往的一个工具，并不是社交的全部。我们应从现实生活中获得自我认同，从而接纳自己、赞美自己、欣赏自己。

②基于社交网络使用对抑郁的影响进行自我认知。

案例1:12月20日晚,我参与了一场别开生面的培训,与其说培训,倒不如说是一堂精彩的人生启蒙课。培训结束后,我有颇多的感触。人生路漫漫,我们最重要的伙伴是自己,最难克服的困难是不能正确认识自己。我们的行为与认知相关,但是最根本的在于我是谁,我具有怎样的人格特性。每个人身上都有太阳,主要是如何让它发光。不必羡慕别人的闪耀,更不必去追逐本不属于自己的光,与其羡慕他人,不如将自己打理得更好。我们对自己的认识或许是在爸爸妈妈怀里撒娇的小孩子,或许是埋头苦读的学生,或许是将来你想从事的某个职业的从业者……我们不能庸庸碌碌活一辈子,人总该有奋斗目标,而目标应基于我们对自己的认识。所以啊,勇敢一点走出舒适圈去寻找自己的人生道路吧,愿你、愿我、愿大家早日成为自己的光。

案例2:通过12月20日的线上培训,我发现我对自我的认识还不够。与其每天花过多的时间在网络上,贪图一时的满足,不如抽出一部分与网络相处的时间,用来与自己的灵魂共处,研究研究自己是怎样的,要变成怎样的,再规划规划将来要如何做自己心目中更好的自己。人表现出的往往只是人本身的冰山一角,网络虽能为我们带来便利与快乐,但在虚拟的世界中我们似乎在渐渐迷失自己,沉溺于网络世界中的那个自己,忘记了自己真正的样子。但人终究是要活在现实里的,我们应该花更多的时间思考现实中的自己、打磨现实中的自己,让虚拟的自己和现实中的自己重合,以现实为主导,为了健康,放下手机,和现实中的自己打交道,学会认识自己,喜欢自己,改变自己,积极健康地生活。

案例3:我们总在做出各种行为,几乎每一秒都产生着感受,且怀有各式各样的观点。可我们真的了解自己吗?我们真的知道自己真正需要的是什么吗?人的一生不只是与他人相处的一生,更是与自己相处的一生。我们终其一生都在探索自己。我们时常想要学习与他人的相处之道,殊不知最重要,也是最难寻找的,是与自己的相处之道。认识自我、悦纳自我、欣赏和感谢自我,这些并不是一些空话大话，而是要实实在在落实的。我们要真正驯服内心的野兽，细嗅内心的蔷薇，懂得真正的自己。

③基于自我认知的时间管理。

案例1：12月26日，我参加了线下时间管理团体辅导活动。开场老师先让我们做了“大风吹”的游戏，使现场的气氛“热”了起来。令我印象最深的是画自己的时间轴，我在自己的时间轴尽头缓缓写下了“80”，又找到了现在年龄的位置写下18，原来人生已经过去了四分之一。在感慨之余，老师又指导我们在时间轴上丰富内容：找自己从出生到现在最高兴和最伤心的三件事；画了实际、理想及介于实际与理想之间的三个24小时时间分配饼图。画完这些，我不由得心生感慨：我的过去都是在漫无目的与迷茫中度过的。我把大把的时间都花在玩手机上，“不重要而且不紧急”的事情占据了一天中最多的时间。我突然意识到尽管玩手机上网的确能带来短暂的快乐，但是长久的幸福要靠自己不断拼搏。学习并不是痛苦的，放下手机去迎接新的自我，当品尝到经过努力得来的果实后，我们会发现学习才是人生最大的乐事。

案例2：本次培训以一个名为“大风吹”的游戏开始，调动了气氛，也使我对这次培训产生了兴趣。接下来的一切则围绕着一张白纸展开。两个半小时说长不长说短不短，我的人生便在白纸上显示得一清二楚。一条横线从左到右，代表出生到死亡；几条竖线代表人生的重要节点，发生过的和我希望发生的；几个饼图显示我的实际与理想的时间分配。当抽象的、虚无的事物通过这种方式在白纸上展现出来，我平生第一次对自己人生的长度有了认识，也再一次去回忆自己的过往，认识到什么是自己的“宝物”，什么应当铭记。再面对饼图所呈现给我的直观的时间分配，我立即意识到我应该作出改变。接着老师也对我们所画的时间分配饼图作出了评价，这是我之前不曾经历的培训，感触很深，收获很多。

案例3：今天的团体辅导活动有趣而有意义。大风吹游戏迅速让我们提起精神来。接着老师让我们画自己的“生命线”：我的生命线，一条横线，从0到99

岁。随后，老师让我们在生命线上标出目前所在阶段，我发现19岁已经是我人生之路的五分之一了。老师又让我们写出我们所遭遇的三件消极的事和三件积极的事。我发现19岁之前我更看重情感方面的需求，19岁之后更看重学业和成就了。我似乎更了解、更看清自我了。老师让我们翻到白纸的另外一面，让我们画了时间饼图，当我每天的时间分配那么清楚直观地呈现在眼前时，我心中长久的疑虑——时间都去哪儿了，终于不攻自破。原来我的时间是这样被忽视，从指缝间溜走的。我好像突然才清醒过来，陷入了深深的反思之中。

④基于自我认知的网络人际沟通能力提升技巧培训。

案例1：此次心理培训的主题是网络人际沟通技巧，通过这次培训，我受益匪浅。在互联网技术如此发达的今天，网络早已成为人们生活中不可缺少的一部分，而通过网络交流也成为许多人的选择。微信、QQ、e-mail……我们几乎每天都以各种形式在网络上与他人交流，可我们真的了解网络沟通技巧吗？经过这次培训，我明白了沟通是双向的，我们在沟通时要明确自己的目的和期望。我为什么要沟通？我想达到什么样的目的？由此展开沟通。交流，要有来有往，双方要清晰表达自我、明白对方的意思并及时澄清和回应，换位思考、理解对方，从而促进双方达成一致；沟通结束时最好做小结，以免忘记。在今后的网络人际交往中，我会学以致用，更好地与他人沟通交流。

案例2：通过此次培训，我懂得了在沟通交往时，我们需要明确自己的目的和期望，从而选择合适的网络沟通渠道。我还学会了在网络交往中，我们应该有礼貌，懂得尊重。及时回复对方信息，给予对方反馈，重要的信息要请求对方确认。我们在交往过程中应该学会站在对方的立场、角度考虑问题，感受体会。共情可以增进关系。最后，我们可以在沟通结束后做一个简短的小结，以简洁、条理性强的句子进行总结，使人印象深刻。此次培训让我收获颇丰，我会将学到的这些技巧运用到生活实际中，提高自己的人际交往能力。

案例3：在网络冲浪成为普遍现象的今天，网络人际沟通也是我们每个人都要学习的事情。讲座中提到的八点方法就很实用。从目的、渠道、沟通方式，到最后的总结,都是满满的“干货”。网络交往相对现实交往具有开放性、随意性、广泛性等特点,我们可以在网络上遇到来自天南海北的伙伴,也同时要接受来自不同文化背景、不同成长环境下的不同观点,也就是老师提到的共情理解,要理解言外之意,体会对方以怎样的立场、为了什么目的说这样的话,再甄别真假好坏,最后再决定是否接受。新时代,新青年,新网络,我们每个人都要在互联网上理性交往,营造风清气正的网络空间。

⑤基于自我认知的网络人际关系及现实人际关系的改善。

案例1:这次活动的主题是人际关系。一开始“大鸡,小鸡,鸡蛋”的游戏让大家一下拉近了距离。通过制作个人名片给了自己一次机会去总结自己,向不熟悉的同学以各种身份介绍自己,让我更全面地看到了自己,平时并不注意的点也重现眼前,并认识了一些新朋友。对现有人际关系网以及对未来人际关系网规划图的绘制,让我认真思考了现有人际关系的现状与问题,让我对未来的人际关系处理方式有了新的目标,也给了我一个走下网络的契机,从而更好地去经营自己理想的人际关系,多注重现实中的关系,不让自己后悔,不让自己在乎的人与自己逐渐疏远。希望在这次活动结束之后,我能更好地利用网络,更加注重现实中的事情,变成更好的自己。

案例2:转眼间就是最后一次参加培训了,没想到时间过得这么快。这次培训令我印象深刻的是老师给我们带来了一个新的小游戏“孵鸡蛋”,“鸡蛋”通过猜拳取得胜利变成“小鸡”,再成长为“大鸡”,直到胜利坐下。通过游戏大家的情绪都被调动起来了,很多人谈感受时都提到了快乐、开心之类的词语。还有令我印象深刻的人际圈分析,让我意识到了家人、家族在我心中占有很大的分量。同时,我发现自己从小学到大学与老师的关系都需要改善,我对于喜爱的老师没有办法直率地表达感情,导致错过了与很多善良的人深交的机会,这是很遗憾的。时光匆匆,参与实验的一个月很快就结束了。感谢各位老师组织这次活动,让我更好地认识自己,让我逐渐放下手机走下网络,变得更加积极!

案例3:通过本次培训,我重新审视了自己的人际关系,并且思考了现实和理想中的人际关系，两者的差距并不明显，这使我感到幸福快乐。本次培训还包含多方面的自我介绍，对于不善言辞的我来说有些许困难，但我还是体会到了快乐，交到了新朋友，更是了解了不同人眼中的自己，对自己有了更全面的认识。通过这些天的培训，我在手机上浪费的时间越来越少，更加享受与他人直接的、当面的交流，也比平时有更多可支配的时间。减少手机的使用让我拥有更快乐的生活，更健康的身体，更积极的生活态度，从各个方面极大程度地受益。

⑥整体五次团体辅导培训。

案例1：历时一个多月的活动圆满结束了，此次实验共进行了五次团体辅导，每次辅导各不相同。第一次辅导也是实验的开始，线下问卷的填写及老师的讲解，让我深刻认识到手机、社交网络等给自己带来的一些影响，让我有了作出改变的想法，这也是我后续坚持参加活动的原因之一；第二次辅导则主要围绕自我认知重塑、心灵治愈、接纳自我，老师的冥想法也很有效；第三次辅导印象更加深刻，老师围绕“时间”这个话题为我们提供了一个展示自己的时间安排及规划的机会，也让我们清楚认识到自己的生活离理想生活有多远的路要走，让看似难以实现的理想不再遥不可及；第四次培训则围绕“人际交往”尤其是线上的人际沟通；第五次培训从事件分析到现实和理想的交际圈，也是围绕着交际展开，并通过游戏更加全面地认识自己。总体来说，整个实验很有意义，可以反映出目前全国各地大学生的普遍现状，并对因过度使用社交网络造成的消极影响提出可行的解决方案。最后，感谢陈老师的组织和心理辅导中心老师们的培训。

案例2：经过这五次线上线下相结合的团体辅导，我收获了很多有用的知识。首先，我认识到了解自己的重要性。每个人都有自己的长处，也会有自己的短处。扬其所长而避其所短，方能取得一番成就。学会了解自己，是成功的第一步。了解自己，勇敢地展现自我，就定会有所作为，有所成就。发现自己的闪光点，我们才能不断激发出自己的潜能，唤醒潜意识中的大智慧，从而最终拥有化茧成蝶、迎向朝阳的力量。其次，我在培训过程中对自己过去的生活有了反思，也更加明确了自己未来的目标，对自己的未来有了更明确的规划。身处电子科技高度发达的时代，我更应该利用好这一资源，努力提升自己而不是沉迷于网络，将大好青春荒废在游戏上。我也应该学会提高效率，把握当下。最后，也是感触最深的一点就是我在培训中重新审视了自己的人际关系，通过不同人的不同视角观察了自己，对自己有了更全面的认识。通过对人际圈的分析思考，我看到当下自己人际交往中的不足，并重新规划好提升的方向。短短的几次培训，让我有了颇多的收获，重新认识自己，更加明确自己提升的方向。

案例 3：很幸运能参加这五次团体辅导，我收获的不仅是在活动中与同学们相处的快乐，还有对自己的深入认识，更有由此而衍生出的对人生、对未来的思考。放下手机走下网络，是我参加这次活动的初心。参加活动之前，我无疑是手机的奴隶，整日沉迷于手机中各种社交娱乐软件带来的短暂快乐，几乎没有时间与身边的人说几句话，没有时间交朋友，更没有时间学习。迷失，是对我最贴切的标注。幸好，遇到这次活动，遇到老师们，我对手机的态度已经在发生变化，使用手机的时间几乎减少到过去的一半。第一次活动，老师与我们分享自己的经历，我受到启发，当天回去就放下手机，去操场跑了 3 圈，之后时常主动去锻炼；线上培训，老师分享了关于网络交往和放松自我的知识，让我反思了自己在网络交往中的言行是否正确；线下培训，每次的小游戏不仅带来了欢乐与放松，还能在老师的引导下探索自我的内心世界，思考自己的时间管理、人际关系，思考如何循序渐进地向自己的目标努力。可以说，每一次培训都让我有了一些改变，从身体到心理，由意识及行为，引领我放下手机，思考现实生活中的问题，我真的获益良多。要掌握自己的人生，放下手机走下网络是第一步，是摆脱诱惑、摆脱不负责任的自己的第一步，万事开头难，谢谢老师们引导我走出这第一步。

(2) 参与成员的辅导员老师对本次团体辅导干预研究项目的评价

案例 1：该项目紧扣当代大学生群体中突出的现实问题，对大学生形成积极、健康的人生取向具有重要意义。项目的内容设计极具科学性，从认识和接纳自己开始，这对于因存在心理问题而产生网络依赖的学生来说，是一种很重要的与自己和解的途径，不仅可以帮助学生克服心理障碍，而且能够有效触动学生的内心，让学生意识到自身的价值。学生从讲解中更全面地了解网络的发展、科技的进步，更加明白利用好网络这个工具的重要性。借助网络搜索有效信息、探索未知空间才更有意义，而不能仅将网络游戏、网络小说等“轻松愉悦”的消费产品作为逃避现实的“好去处”，麻痹自己。同时，随着社会经济的发展及独生子女家庭的出现，人际交往成为当代大学生要面对的重要挑战之一。该项目通过让学生从不同角度全面认识和了解自己，激发学生对人际关系的思考，使学生认识到拥有良好人际交往能力的重要性，进而学会掌控自己的情绪和行为。整体上，这个项目能促使学生从根本上产生改变现状的想法，激发学生改变现状的动力，真正做到入耳入脑入心，帮助学生用合理的方法走出网络虚拟世界。

案例2：该项目通过专业讲座以及团体辅导等形式，让大学生群体深刻认识到，手机上瘾不仅会危害大学生的身体健康，还会影响大学生的精神健康。通过参与该项目，不少同学反映自己的郁闷心情和抑郁症状得到改善。一是让自己放下手机，摆脱长时间“埋头”的状态，颈部肌肉得到了放松，全身无力、食欲不振、失眠等症状得到了缓解，甚至消失，进而摆脱了焦躁不安等精神方面的问题；二是交际圈子扩大，跟同学、老师、朋友的交流多了，孤独感明显减少，精神充实了，心情愉悦了，抑郁症状也就逐渐远离；三是通过参与该项目，学生在遇到困难、心情压抑时，会选择体育锻炼、找人倾诉等方式去发泄、排遣，而不是像原来那样靠进入虚拟世界来解决，在学习、生活中更容易控制自己的情绪，保持昂扬的精神和斗志，乐观自信。项目整体上让学生从理论上认识到沉迷手机的危害，同时又让学生学会了走出网瘾、远离抑郁的实际方法，得到了学生的赞许。他们纷纷表示愿意介绍更多的同学参与该项目，让同学们都积极、乐观、健康地面对学习，面对人生的挑战。

案例3:该项目直面互联网时代大学生面临的众多现实问题,比如处理人际关系、正确认识自我、消解消极情绪、有效辨别互联网信息等,通过多维、系统的方式,有序、科学地推进大学生对互联网时代的生活方式的充分认知和理解。互联网时代由于很多大学生处于线上线下不断交互交融的时空之中,又由于网络的虚拟性和便捷性,很有可能导致大学生形成虚拟人格。虚拟人格会导致大学生更加孤僻,甚至产生抑郁情绪。该项目产生了两个积极效果,一是帮助学生更好地认识自己的需求,直面大学生成长面临的困难和坎坷,引导大学生积极做好规划,让学生更加积极、正确地面对问题,呈现健康积极向上的精神面貌;二是从互联网使用着手,帮助大学生更好地理解互联网的优势和劣势,更好地辨别现实和虚拟的差异,从而帮助大学生避免互联网使用过程中虚拟人格的出现,更好地采取正确的途径发挥互联网的优势,将互联网带来的海量信息和跨越时空的链接用于现实活动和实践中,拓宽大学生生活的宽度和广度,有效丰富大学生的课余生活,使其全面、健康成长。

(3)参与成员的家长对本次团体辅导干预研究项目的评价

案例1:电子产品已经成为大学生不可或缺的日常用品,在给他们的学习、娱乐等方面带来便利的同时,也使一部分学生沉溺于此,产生依赖,严重影响了学习和身心健康。杨某某同学有幸参加了本项目,在老师的耐心指导和工作人员的热情帮助下,收获了相关知识,也认识到长时间使用电子产品对自己身心带来的危害,并下决心改变自己日常不良的行为习惯,调整学习和生活状态,合理使用电子产品,每天减少使用手机和上网的时间,避免长时间对着电子屏幕,增加室外活动,参与跑步、游泳、打羽毛球等体育锻炼,增加与父母沟通交流的时间,寒假回家还主动承担了一些简单的家务劳动,重新找回曾经热情、乐观的自我,用阳光积极心态适应大学生活。他还经常利用业余时间广泛宣传长时间使用电子产品的危害,带动身边的人远离电子产品,力求人人达到身心健康的理想状态。

案例2:孩子参加过这个活动后,在家里更加愿意与我们主动沟通,更愿意主动说出自己的心事，快乐也好，悲伤也罢，孩子与我们之间的沟通也更加顺畅。孩子也变得更加勤快，回到家会帮助我们做家务，在吃饭的时候也开始给我们讲一些学校里的事情。寒假里天气好的时候我们会一起出去运动，孩子不再只是玩手机，而是更加喜欢运动，我们一起打羽毛球，一起放风筝，我发自内心地觉得很快乐。看到这一番景象，我觉得很幸福。我一直小心翼翼地与叛逆期的孩子相处着，现在突然觉得孩子长大了。我感觉很欣慰，也很感谢这次活动，让我更加亲密地接触、认识、了解自己的孩子。孩子积极快乐地面对生活也使我很快乐。

以上结果表明，本次针对大学生抑郁的社交网络使用心理团体辅导干预策略对于改善大学生的抑郁情绪、降低大学生的抑郁水平是有效的。

5.3 讨论

5.3.1 大学生抑郁干预研究结果及评价分析讨论

为确定针对大学生抑郁的社交网络使用心理团体辅导干预策略对被实施干预学生的有效性，课题组进行了团体心理辅导干预研究实验。实验结果证明团体心理辅导活动干预提升了大学生的自我认知水平，促使大学生对自我生命价值进行定位和思考，合理规划时间，从而抑制了社交网络成瘾倾向，改善了大学生的孤独心境，提升了大学生的领悟社会支持水平，避免了社交网络暴力，增强了大学生的网络沟通交际能力，最终达到了降低抑郁水平、抑制抑郁情绪的目标。

确保对照组和干预组两组被试的同质性，是保障此次实验成功的前提。课题组在团体心理辅导活动干预实施前，对干预组和对照组的被试进行了第一次测试（测量时点 T1），并进行了平均值的差异检验，结果显示两组被试在抑郁、孤独、领悟社会支持、社交网络成瘾、社交网络暴力因素方面的平均值均无显著性差异，表明对照组和干预组两组被试是同质的，这为继续开展此次团体心理辅导干预实验奠定了基础。

在针对大学生抑郁的社交网络使用心理干预研究方面，本研究采用干预研究数据结果分析和效果评价相结合的方式。在干预研究数据结果分析方面，我们采用重复测量方差分析和简单效应分析比较干预前后干预组和对照组的三次测量时点（T1、T2、T3）的测试结果，采用重复测量方差分析和简单效应分析进行了干预组、对照组干预前后各测量时点抑郁等因素平均值的比较，采用重复测量方差分析和简单效应分析比较干预组、对照组各测量时点抑郁等因素组内平均值，进行了干预组和对照组各测量时点抑郁等因素平均值的曲线变化趋势比较。从总体来看，经过五次团体心理辅导活动干预和每天的微信温馨提示，干预组大学生的抑郁、孤独、社交网络成瘾、社交网络暴力平均值显著降低（$P<0.001$），领悟社会支持平均值显著提高（$P<0.001$）。抑郁、孤独、社交网络成瘾三因素在干预前后三次测量时点的平均值组内和组间的比较差异都极为显著（$P<0.001$）；领悟社会支持在干预前后三次测量时点的平均值在组内和组间的比较差异显著（$P<0.05$）。在干预前后各测量时点抑郁等因素组间平均值的比较中，发现在干预前的测量时点 T1 干预组和对照组的抑郁、孤独、社交网络成瘾、领悟社会支持、社交网络暴力平均值差异不显著，在干预后的测量时点 T2 和 T3，干预组和对照组抑郁、孤独、社交网络成瘾、领悟社会支持的平均值均存在极显著差异（$P<0.001$）。在干预组和对照组各测量时点抑郁等因素组内平均值的比较中，干预组中抑郁、孤独、领悟社会支持、社交网络成瘾、社交网络暴力在 T1 测量时点的平均值和 T2、T3 测量时点的平均值存在极其显著差异（$P<0.001$），测量时点 T2 和 T3 之间的平均值差异不显著，但对照组中这三个测量时点的比较均无统计学意义。为了更直观呈现干预的成效，还呈现了干预组和对照组各测量时点抑郁等因素平均值的曲线变化趋势并进行了比较。

在针对大学生抑郁的社交网络使用心理团体辅导干预效果评价方面，我们采用定量评价和定性评价相结合的方式。首先，我们组织干预组成员开展了对此次团体心理辅导活动的效果评价和满意度问卷调查，结果显示干预组的成员认为本次团体心理辅导干预活动对学生更全面深入了解自我、合理规划自己的大学时光、有效控制自己的上网时间等方面都有帮助，参加完这次团体辅导活动后，成员认为自己调控自我心情的能力、获取社会支持的能力、人际交往和沟通能力以及减少抑郁心情等方面的能力都有提高。五次活动的满意度调查显示，干预组成员对团体心理辅导干预中设计的活动及干预的组织、实施具有非常好的评价，80%以上的参与者认为五次活动都很好或者非常好，其中对第一次、第三次、第五次三次线下活动评价非常好和很好的成员达到了93%。其次，我们进行了质性效果评价研究，包括三个层面，一是干预组成员每次活动结束之后及整个团体干预培训辅导结束之后的个人收获、感想和体会；二是参与成员辅导员老师对本次活动的评价及对所分管学生参与本次活动后的评估；三是参与成员家长对本次活动的评估及对自己的子女参与本次活动后的评估。

5.3.2 基于中介效应的大学生抑郁干预策略

根据基于社交网络使用的大学生抑郁干预策略理论模型及针对大学生抑郁的社交网络使用心理干预实验研究结果，课题组有针对性地提出基于领悟社会支持提升、基于孤独消解和基于社交网络暴力防范的大学生抑郁干预策略。

1. 基于领悟社会支持提升的大学生抑郁干预策略

(1)基于网络和现实相结合的领悟社会支持提升策略

如前所述，领悟社会支持作为中介因素，主要通过动态效应和缓冲效应有效缓冲和改善大学生因社交网络成瘾、社交网络使用时间及微信使用所导致的抑郁情绪。因此，高校教育工作者应该高度重视大学生领悟社会支持能力的培养。

创建和谐的校园氛围。学校可组织举办有益的校园文化活动，张贴温馨的宣传标语，在学校的微信公众号或其他社交网络平台上推送饱含人文关怀的文章，让校方与学生、教师与学生、学生与学生之间形成良性互动。

保持温暖的集体关怀。学校应努力释放人文气息，传递人文情怀，举办集体活动，培养集体意识，使学生获得参与感。对于网络成瘾的学生，应摒弃偏见与歧视，倾心相助，引导其重新建立信心，帮助其端正行为，控制上网的冲动，让学生感受到来自集体的支持感。

维持友善的网络环境。学校可以为学生创造一个校园交流的平台，引导学生遵守网络行为规范，弘扬友好网络文化，让学生在网络的世界里学会管理自我，并从中感悟人文情怀。

注重亲切的教师指导。学校可以为师生交流提供更多的平台，为师生沟通开辟更多的渠道，使师生之间的距离更近一些。教师不但可以指导学生的学业，还可以在情感方面和压力排解方面为学生传授经验，使学生感受到关心和支持。

促进亲密的同学关系。学校应支持多元多彩的社团活动，积极组织班级活动，促进学生之间的良性交流和互动，使学生拥有志同道合的朋友，从而注重现实交流，而非沉迷于网络平台，使学生感受到来自身边的支持感。

(2)基于良性循环的领悟社会支持提升策略

大学生领悟社会支持感的提升及其良性循环，对预防抑郁具有重要意义。社交网络中恰当的沟通表达，可以促进大学生领悟社会支持水平的不断提升，这有利于大学生的健康发展，有利于预防抑郁症。

可引导大学生勇敢而坦诚地真实自我呈现，以获得有效的社会支持。如引导大学生在社交网络的状态更新、回复评论等主动性使用中开展良性互动，并在社交网络平台上推送人文关怀信息，增加大学生在社交网络使用过程中的领悟社会支持水平，促进他们的身心健康发展。

2. 基于孤独消解的大学生抑郁干预策略

(1)基于家校联动的孤独改善、消除策略

改善甚至是消除大学生的孤独感，对预防或者是消解大学生的抑郁情绪，促进大学生的心理健康具有重要意义，对于社交网络成瘾的学生更是意义重大。孤独感可作为中介变量，在社交网络成瘾等社交网络使用的暴露因素对结局变量抑郁的影响中发挥作用。可以从社会角色的角度出发改善大学生的孤独感，减少其抑郁情绪。

协助角色转换，减少角色冲突。大学阶段是个体从被动学习转向自主学习的阶段。大学生具有社交积极性较高、好奇心较重和自控能力相对较差等特点。在进入大学之初，许多学生易出现角色转换不良，将大部分时间花费在社交网络，甚至产生社交网络成瘾，导致社交孤独感的产生。高校可以开设相关课程，以课程的形式指导学生进行学业规划，并在社交平台解答大学生关于角色定位的困惑，给予学生大学时间规划的相关建议。同时排查具有孤独倾向的学生，可调动其参加集体活动的积极性，并增加与学生家长的沟通互动，预防和减少学生孤独感的产生。

促进角色认同，达成角色期望。教育工作者可以借助社交平台或者课堂对角色定位规范、准确的学生给予表扬，为大学生群体树立角色示范，促进学生自身的角色认同，从而增强其归属感，降低其孤独感。社交网络成瘾的大学生往往更容易有孤独的心理感受，可通过家校联动策略在心理上给予其关心，在学业上给予其指导，在情感上给予其支持，协助其达成角色期望，帮助其降低孤独感，进而预防和减少抑郁现象的产生。

(2)基于情绪感染的孤独消减策略

大学生在社交网络使用中，会不自觉地与社交网络上的相关信息进行社会比较，然后基于对比效应产生相应的情绪体验。因此，注重引导大学生在社交网络使用时进行正向社会比较，对促进大学生心理健康、减少大学生抑郁的发生具有重要意义。

促进积极的情绪体验。鼓励大学生弱化消极的社会比较心理，在积极的心态下浏览他人的积极信息，并关注自身与积极信息的相同之处，增强积极的社会比较心理，促进“见贤思齐，见不贤而思己过”的平常心，进一步促进积极的情绪体验和积极行为，减少因社会比较产生的心理落差，从而防止抑郁的发生。

引导积极的情绪感染。可在大学生群体中分享正能量信息，将积极的情绪信息广泛传递，用积极情绪感染大学生。此外，注意引导大学生在社交网络使用中多关注积极信息，以平常心对待消极信息，以减轻大学生在社交网络中的孤独感，进一步防止抑郁情绪的发生。

3. 基于社交网络暴力防范的大学生抑郁干预策略

（1）基于良性引导的社交网络暴力防控策略

防控大学生的社交网络暴力行为，有利于大学生预防抑郁情绪的形成，有利于促进大学生的心理健康，尤其是对社交网络成瘾的大学生，更有现实意义。社交网络暴力可作为中介变量，在社交网络成瘾等社交网络使用的暴露因素对结局变量抑郁的影响中发挥作用。因此，在大学生的网络及社交网络使用行为中，应注重对其开展良性引导。

良性引导网络人格，塑造自我约束理念。应根据大学生的生理心理特点，开展良性教育引导，帮助其塑造健全的网络人格和健康的人生格局。首先，可通过网络平台和校园宣传普及与网络相关的法律法规，将法律约束内化为个体意识。其次，及时协助大学生减压，疏导其不良情绪，对其“本我”人格的释放进行正面引导，促进大学生本我、自我和超我三者的稳定平衡，使其控制本能冲动，从而减少不理性的网络暴力行为。最后，教育工作者可以为大学生推送网络信息鉴别知识或者进行专题教育讲座，协助大学生在网络和社交网络使用过程中保持理性和自我约束。

良性引导网络行为，减少网络冲突。可教育大学生以宽容的态度对待社交网络冲突，并引导大学生从容应对生活和网络中的应激事件，以防控网络暴力的发生。此外，应引导大学生具备防御心理，培养其成熟健康的心智，引导大学生建立起积极的心理防御机制，保持和谐的人际关系。高校可以开设相关课程，并有目的地引导学生运用防御机制，对于遭遇网络暴力事件的大学生，要及时跟进疏导，及时化解其不好的情绪，防止出现网络暴力。

良性引导网络思维，避免集体无意识现象。网络信息真假难辨，并充斥着一些恶意信息、夸张信息和诱导性言论。大学生由于涉世不深，法律意识淡薄，道德伦理观念不够成熟，理性认知能力相对欠缺，在集体无意识的群体心理机制作用下，容易丧失理性判断力，在非理性支配下盲目跟风对他人进行言论攻击和心理伤害。高校应致力于培育大学生的理性思维，使其在社交网络使用过程中保持理性判断，并通过开设相关课程培养大学生对事物客观理性的态度，避免集体无意识行为，促进其健康的社交网络行为，使大学生建构健康的社交心理，防止抑郁情绪的产生。

(2)基于恰当表达的社交网络暴力化解策略

大学生在社交网络进行的自我呈现行为实际上是对现实自我的一种补充或者是一种补偿，一种现实自我在网络上的再延伸或者是再实现。社交网络暴力行为可被看作一种特殊形式的网上自我呈现，这种呈现方式会对大学生身心健康造成危害，可通过引导大学生在现实生活和社交网络中的恰当表达，来化解社交网络暴力行为。

一方面，可引导大学生在现实生活中的恰当表达。关注大学生的心理状况和情绪危机，在大学生面对压力或冲突时，注意协助其合理解决矛盾冲突，引导其恰当表达情绪，化解情绪危机。在现实生活中，大学生应及时消解负面情绪，不在社交网络上任性宣泄不良情绪，以自己的正面人格和良好教养杜绝社交网络暴力，防止产生抑郁情绪。

另一方面，可引导大学生在社交网络中的恰当表达。社交网络具有交流即时性、网络主体多样性等多个特点，高校可针对大学生群体，宣传相关的法律法规，培养大学生良好的网络心态，引导他们恰当、理性地进行网络表达，学会释放善意，杜绝社交网络冲突，预防抑郁情绪，发挥社交网络的积极作用，促进大学生身心的健康发展。

第六章　结论与展望

6.1　结论

本研究通过现况调查方法探讨了大学生社交网络使用与抑郁水平之间的关系及其关联中介路径,并基于发现的关联中介路径,构建出大学生抑郁干预策略理论模型,最后通过类实验方法探索了社交网络使用团体辅导干预对预防与缓解大学生抑郁的有效性。本研究的主要结论如下:

①大学生抑郁水平及其影响因素。本研究所选样本中大学生抑郁检出率为35.7%,其中男生多于女生,大四(大五)学生多于其他年级,学习压力大者多于压力小者。每天使用社交网络时间等会对大学生抑郁产生影响。

②大学生社交网络使用状况及其影响因素。大学生使用社交网络时间以3~5年者居多;大部分学生每天使用社交网络不超过4小时,其中以使用微信、QQ为主;影响社交网络成瘾的因素有性别、学习压力等。

③大学生社交网络使用与抑郁水平的关联。社交网络成瘾、社交网络暴力、孤独与抑郁均呈正相关,领悟社会支持与抑郁呈负相关。大学生使用社交网络3~4时/天时抑郁水平最低,大于4时/天时抑郁水平随使用时间增加而急剧升高;社交网络成瘾等社交网络使用因素可以通过领悟社会支持、社交网络暴力、孤独与大学生抑郁水平产生关联,且存在着多条中介路径。

④针对大学生抑郁的社交网络使用心理团体辅导干预活动显示，干预可以降低抑郁、孤独、社交网络成瘾、社交网络暴力的水平，同时提高领悟社会支持水平，提示干预活动可以对抑郁、社交网络成瘾、孤独、社交网络暴力及领悟社会支持产生影响。

6.2　创新点

本研究采用分阶段分层随机抽样的方法选取陕西省 30 所普通高校的 19 105 名大学生作为研究对象，利用多中心、大样本研究社交网络使用对抑郁的影响及其作用机制。与已有相关研究相比，本研究具有覆盖学校层次多、涵盖学科门类多、纳入研究对象齐全、样本量大等特点，研究结果具有可推广价值。论文的创新体现在四个方面：

①本研究阐明了每天使用社交网络时间对大学生抑郁的影响。首次发现每天使用社交网络时间在 >3 ~4 时/天时，抑郁和孤独均出现低点，领悟社会支持出现高点；随着使用时间的增加，超过 4 时/天时，抑郁、孤独急剧升高，领悟社会支持水平急剧下降。提示大学生每天使用社交网络时间的临界值应在 >3 ~ 4 时之间，超过 4 小时会增加抑郁的风险。

②本研究明确了社交网络使用对大学生抑郁的影响机制。通过构建结构化方程模型，明确了领悟社会支持、孤独、社交网络暴力的中介作用，并在此基础上探析了基于中介效应的大学生社交网络使用与抑郁的关联机制，进一步丰富了该研究领域的理论内容。

③社交网络使用对大学生抑郁有着较大影响，本研究率先在国内将社交网络暴力、每天使用社交网络时间、微信使用、社交网络成瘾等变量纳入与抑郁情绪的关联机制研究之中，并根据大学生社交网络使用对抑郁的影响路径和二者之间的关联机理，构建出基于社交网络使用的大学生抑郁干预策略理论模型，

开辟了大学生抑郁影响因素和干预策略研究的新视角。

④开展针对大学生抑郁的社交网络使用心理干预研究实验，根据研究结果有针对性地提出基于社交网络使用的大学生抑郁干预策略：一是基于领悟社会支持提升的大学生抑郁干预策略；二是基于孤独消解的大学生抑郁干预策略；三是基于社交网络暴力防范的大学生抑郁干预策略。

6.3 研究的局限性及展望

6.3.1 研究的局限性

①本研究的样本全部来自陕西省，因此该研究结果如果在全国推广还需要进行进一步验证。

②本研究在开展“大学生抑郁与社交网络使用的现况及影响因素分析研究”和“基于中介效应的社交网络使用与大学生抑郁的关联机制及干预策略理论模型的构建研究”时采用了横截面研究的方法，利用一份问卷收集所有变量的相关数据，各变量均在同一时间点测得，因此可能会影响变量之间因果关系的绘制。

③本研究针对大学生抑郁开展的社交网络使用心理干预研究，干预组和对照组的样本量较小，有可能会影响研究结果。

④本研究所涉及的大学生抑郁的概念，根据本研究的需要重新进行了定义，因此进行相关研究需要引用本研究成果时可能要更谨慎一些。

6.3.2 展望

笔者认为在以下方面继续开展社交网络使用与大学生抑郁关联机制的研

究会使该研究领域的理论价值更高、实践价值更大。

①继续扩展样本的分布来源，使样本地域分布更广，以增强结论的推广性和普适性。

②进一步研读和梳理国内外相关研究，扩大相关领域调研访谈，不断完善调研量表，并尽量将质性和量性研究方法相结合开展调研，从而使研究更科学、更严谨。

参考文献

[1] MIN C, AIMIN W, LINA Z, et al. The increasing prevalence of myopia and high myopia among high school students in Fenghua city, eastern China: a 15-year population-based survey [J]. BMC Ophthalmology, 2018, 18 (1): 159 -161.

[2] 中国互联网络信息中心. 第 32 次中国互联网络发展状况统计报告[J]. 互联网天地,2014(10):78 -95.

[3] 中国共产党中央委员会,国务院. 关于进一步加强和改进大学生思想政治教育的意见 [Z]. 2004 -10 -14.

[4] RUEHL C H, INGENHOFF D. Communication management on social networking sites [J]. Journal of Communication Management, 2015, 19 (3): 288 -302.

[5] WOODS H C, SCOTT H. Sleepyteens: social media use in adolescence is associated with poor sleep quality, anxiety, depression and low self-esteem [J]. Journal of Adolescence, 2016(51): 41 -49.

[6] KUSS D J, GRIFFITHS M D. Online social networking and addiction—a review of the psychological literature [J]. International Journal of Environmental Research and Public Health, 2011, 8(12): 3528 -3552.

[7] LIGHT B, RICHARDSON K, HESSEY S. Archiving the self? Facebook as biography of social and relational memory [J]. Journal of Information Communi-

cation and Ethics in Society, 2009, 7 (1): 25 –38.

[8] VALKENBURG P M, PETER J, et al. Online communication among adolescents: an integrated model of its attraction, opportunities and risks[J]. Journal of Adolescent Health Official Publication of the Society for Adolescent Medicine, 2011, 48(2):121 –127.

[9] KRAUT R, PATTERSON M, LUNDMARK V, et al. Internet paradox a social technology that reduces social involvement and psychological well-being [J]. American Psychologist, 1998, 53(9): 1017.

[10] KIM K, RYU E, CHON M Y, et al. Internet addiction in Korean adolescents and its relation to depression and suicidal ideation: A questionnaire survey [J]. International Journal of Nursing Studies, 2006, 43(2): 185 –192.

[11] DRESNER M, WORLEY E. Teacher research experiences, partnerships with scientists, and teacher networks sustaining factors from professional development[J]. Journal of Science Teacher Education, 2006, 17(1): 1 –14.

[12] ZIMET D M, JACOB T. Influences of marital conflict on child adjustment: review of theory and research [J]. Clinical Child & Family Psychology Review, 2001, 4(4): 319.

[13] SPADA, MARCANTONIO M. An overview of problematic internet use [J]. Addictive Behaviors, 2014, 39(1): 3 –6.

[14] TSITSIKA A K, TZAVELA E C, JANIKIAN M, et al. Online social networking in adolescence: patterns of use in six European countries and links with psychosocial functioning[J]. Journal of Adolescent Health Official Publication of the Society for Adolescent Medicine, 2014, 55(1): 141 –147.

[15] NIU G F, LUO Y J, SUN X J, et al. Qzone use and depression among Chinese adolescents: The mediating role of negative social comparison and the moderating role of self-esteem[J]. Journal of Affective Disorders, 2018, 231

(4): 58 -62.

[16] TANG S K, KOH Y W. Online social networking addiction among college students in Singapore: comorbidity with behavioral addiction and affective disorder[J]. Asian Journal of Psychiatry, 2016(25): 175 -178.

[17] KOC M, GULYAGCI S. Facebook addiction among Turkish college students: the role of psychological health, demographic, and usage characteristics[J]. Cyberpsychol Behavior Social Networking, 2013, 16(4): 279 -284.

[18] HORMES J M, KEARNS B, TIMKO C A. Craving facebook? Behavioral addiction to online social networking and its association with emotion regulation deficits[J]. Addiction, 2015, 109(12): 2079 -2088.

[19] BŁACHNIO A, PRZEPIÓRKA A, PANTIC I. Internet use, facebook intrusion, and depression: results of a cross-sectional study[J]. European Psychiatry, 2015, 30(6): 681 -684.

[20] CELIK C B, ODACI H. The relationship between problematic internet use and interpersonal cognitive distortions and life satisfaction in university students [J]. Children and Youth Services Review, 2013, 35(3): 505 -508.

[21] WEIDMAN A C, FERNANDEZ K C, LEVINSON C A, et al. Compensatory internet use among individuals higher in social anxiety and its implications for well-being[J]. Personality and Individual Differences, 2012, 53 (3): 191 -195.

[22] BAKER D A, ALGORTA G P. The Relationship between online social networking and depression: a systematic review of quantitative studies[J]. Cyberpsychology Behavior and Social Networking, 2016, 19 (11): 638.

[23] GALICA V L, VANNUCCI A, FLANNERY K M, et al. Social media use and conduct problems in emerging adults[J]. Cyberpsychology Behavior & Social Networking, 2017, 20(7): 448 -452.

[24] TAO S, WU X, ZHANG Y, et al. Effects of sleep quality on the association between problematic mobile phone use and mental health symptoms in Chinese college students [J]. International Journal of Environmental Research and Public Health, 2017, 14(2): 185.

[25] LACHMANN B, SARIYSKA R, KANNEN C, et al. Life satisfaction and problematic Internet use: evidence for gender specific effects[J]. Psychiatry research, 2016, 2(38): 363 -367.

[26] KANYINGA S H, HAMILTON H A. Social networking sites and mental health problems in adolescents: the mediating role of cyberbullying victimization[J]. European Psychiatry, 2015, 30(8): 1021 -1027.

[27] MONROE S M, SIMONS A D. Diathesis-stress theories in the context of life stress research: Implications for the depressive disorders [J]. Psychological Bulletin, 1991, 110 (3): 406 -425.

[28] Beck A T. An inventory for measuring depression[J]. Archives of General Psychiatry, 1961, 4 (6): 561.

[29] SEPEHRY A A. Self-rating depression scale (SDS) [M]. Springer New York, 2014.

[30] RADLOFF L S. The CES-D scale[J]. Applied Psychological Measurement, 1977, 1(3): 385 -401.

[31] HAMMEN C L. Depression in college students: beyond the Beck depression inventory[J]. Journal of Consulting and Clinical Psychology, 1980, 48(1): 126 -128.

[32] JACOBSON N S, ANDERSON E A. Interpersonal skill and depression in college students: An analysis of the timing of self-disclosures[J]. Behavior Therapy, 1982, 13(3):271 -282.

[33] ALHASSAN A A, ALQADHIB E M, TAHA N W, et al. The relationship be-

tween addiction to smartphone usage and depression among adults: a cross sectional study[J]. BMC Psychiatry, 2018, 18(1): 148.

[34] PRIMACK B A, SHENSA A, ESCOBAR-VIERA C G, et al. Use of multiple social media platforms and symptoms of depression and anxiety: A nationally-representative study among U.S. young adults[J]. Computers in Human Behavior, 2017(69):1-9.

[35] WANG P, WANG X, WU Y, et al. Social networking sites addiction and adolescent depression: a moderated mediation model of rumination and self-esteem[J]. Personality and Individual Differences, 2018(127):162-167.

[36] 刘诏君,孔繁昌,赵改,等.抑郁与社交网站使用的关系:来自元分析的证据[J].中国临床心理学杂志,2018,26(6):60-66,91.

[37] SHARMA N, GHOSH S, BENEVENUTO F, et al. Inferring Who-is-Who in the Twitter social network[J]. Acm Sigcomm Computer Communication Review, 2012, 42(4): 533-538.

[38] MUSIAL K, KAZIENKO P. Social networks on the Internet[J]. World Wide Web-internet and Web Information Systems, 2013, 16(1): 31-72.

[39] EYRICH N, PADMAN M L, SWEETSER K D. PR practitioners' use of social media tools and communication technology[J]. Public Relations Review, 2008, 34(4): 412-414.

[40] CENTOLA D. The Spread of behavior in an online social network experiment [J]. Science, 2010(329): 1194-1197.

[41] HORVATH G, ZHANG R. Social network formation and labor market inequality[J]. Economics Letters, 2018, 166(5): 45-49.

[42] POTTS J, CUNNINGHAM S, HARTLEY J, et al. Social network markets: a new definition of the creative industries[J]. Journal of Cultural Economics, 2007, 32(3): 167-185.

[43] LI Y, SALLAM M H, YE Y. The impact of WeChat use intensity and addiction on academic performance[J]. Social Behavior and Personality an International Journal, 2019(47):1 -6.

[44] CHEN Y. WeChat use among Chinese college students: exploring gratifications and political engagement in China[J]. Journal of International and Intercultural Communication, 2017, 10(1): 25 -43.

[45] GONG M, YU L, LUQMAN A. Understanding the formation mechanism of mobile social networking site addiction: evidence from WeChat users[J]. Behaviour and Information Technology, 2019(4): 1 -16.

[46] CHEN Y, LIANG C, CAI C L, et al. Understanding WeChat users' behavior of sharing social crisis information[J]. International Journal of Human-Computer Interaction, 2018(6): 1043 -1048.

[47] RUI J R, YU N, XU Q, et al. Getting connected while aging: the effects of WeChat network characteristics on the well-being of Chinese mature adults [J]. Chinese Journal of Communication, 2018, 14(11): 25 -43.

[48] DAVIS R A. A cognitive-behavioral model of pathological Internet use[J]. Computcrs in Human Behavior, 2001, 17(2): 187 -195.

[49] KANDELL, JONATHAN J. Internet Addiction on campus: the vulnerability of college students[J]. Cyberpsychology and Behavior, 1998, 1(1): 11 -17.

[50] XIN M, XING J, WANG P, et al. Online activities, prevalence of internet addiction and risk factors related to family and school among adolescents in China[J]. Addictive Behaviors Reports, 2017(7): 14 -18.

[51] CHING S M, HAMIDIN A, VASUDEVAN R, et al. Prevalence and factors associatcd with intcrnct addiction among medical students-A cross-sectional study in Malaysia[J]. Medical Journal of Malaysia, 2017, 72(1): 7 -11.

[52] BOONVISUDHI T, KULADEE S. Association between Internet addiction and

depression in Thai medical students at faculty of medicine, Ramathibodi Hospital[J]. Plos One, 2017, 12(3): 1-10.

[53] KUSS D J, VAN ROOIJ A J, SHORTER G W, et al. Internet addiction in adolescents: prevalence and risk factors[J]. Computers in Human Behavior, 2013, 29(5): 1987-1996.

[54] 陈玉娟,李立,胡艳华,等.石家庄市大学生网络成瘾现状及影响因素分析[J].中国学校卫生,2014,35(9):1349-1352.

[55] ENORMANCM, SARALZ, ATASOY N, et al. Relationship of Internet addiction with cognitive style, personality, and depression in university students [J]. Comprehensive Psychiatry, 2014, 55(6): 1385-1390.

[56] LACONI S, RODWGERS R F, CHABROL H. The measurement of internet addiction: A critical review of existing scales and their psychometric properties [J]. Computers in Human Behavior, 2014, 41(12): 190-202.

[57] GRIFFITHS M D. Facebook addiction: concerns, criticism, and recommendations—a response to andreassen and colleagues[J]. Psychological Reports, 2012, 110(2): 518-520.

[58] WANG C W, CHAN C L, et al. Exploring personality characteristics of Chinese adolescents with internet-related addictive behaviors: trait differences for gaming addiction and social networking addiction[J]. Addictive Behaviors, 2015(42): 32-35.

[59] LIU C, MA J L. Development and validation of the Chinese social media addiction scale[J]. Personality & Individual Differences, 2018(134): 55-59.

[60] TUREL O, SERENKO A. The benefits and dangers of enjoyment with social networking websites[J]. European Journal of Information Systems, 2012, 21(5): 512-528.

[61] ANDREASSEN C S, TORSHEIM T, BRUNBORG G S, et al. Development of

a facebook addiction scale[J]. Psychological Reports, 2012, 110(2): 501 - 517.

[62] VALKENBURG P M, PETER J. Social Consequences of the internet for adolescents: A decade of research[J]. Current Directions in Psychological Science, 2010, 18(1): 1 -5.

[63] ECHEBURÚA E, CORRAL P D. Addiction to new technologies and to online social networking in young people: A new challenge[J]. Adicciones, 2010, 22(2): 91 -95.

[64] KITTINGER R, CORREIA C J, IRONS J G. Relationship between facebook use and problematic internet use among college students[J]. Cyberpsychology Behavior and Social Networking 2012, 15(6): 324 -327.

[65] MATSUBA M K. Searching for self and relationships online[J]. Cyberpsychology Behavior, 2006, 9(3): 275 -284.

[66] HE J B, CHEN C R, BAO Y C, et al. A probe into mobile phone dependence in adolescents: measurement, harmfulness and genesis mechanism[J]. Chinese Journal of Clinical Psychology, 2012(6): 822 -825.

[67] YANG X, ZHOU Z, LIU Q, et al. Mobile phone addiction and adolescents' anxiety and depression: the moderating role of mindfulness[J]. Journal of Child and Family Studies, 2019(28): 822 -830

[68] GRIFFITHS M D, KUSS D J, DEMETROVICS Z. Social networking addiction: an overview of preliminary findings [M]. Amsterdam: Elsevier, 2014:75.

[69] JONES E E, NISBETT R E. The actor and the observer: divergent perceptions of their behavior[M]. New York: General Learning Press, 1972:93.

[70] BAUMEISTER, ROY F. A self-presentational view of social phenomena[J]. Psychological Bulletin, 1982, 91(1): 3 -26.

[71] EBERT H, PIWINGER M. Impression management: die notwendigkeit der selbstdarstellung[M], Berlin: Springer, 2007.

[72] KIM J, LEE J-ER. The facebook paths to happiness: effects of the number of facebook friends and self-presentation on subjective well-being[J]. Cyberpsychology Behavior and Social Networking, 2010, 14(6): 359 – 364.

[73] STRANO M M, WATTAI QUEEN J. Covering your face on facebook suppression as identity management[J]. 2012, 24(4): 166 – 180.

[74] PFEIL U, ARJAN R, ZAPHIRIS P. Age differences in online social networking—a study of user profiles and the social capital divide among teenagers and older users in MySpace[J]. Computers in Human Behavior, 2009, 25 (3): 643 – 654.

[75] HAFERKAMP N, EIMLER S C, PAPADAKIS A M, et al. Men are from mars, women are from venus? examining gender differences in self-presentation on social networking sites[J]. Cyberpsychol Behav Soc Netw, 2012, 15 (2): 91 – 98.

[76] WANG P, WANG X, ZHAO M, et al. Can social networking sites alleviate depression? The relation between authentic online self-presentation and adolescent depression: a mediation model of perceived social support and rumination[J]. Current Psychology, 2017(38):1512 – 1521.

[77] 杨秀娟,周宗奎,孙晓军,等. 社交网站积极自我呈现与青少年抑郁:链式中介效应分析[J]. 中国临床心理学杂志,2017,25 (3) :489 – 493.

[78] JACKSON T, FRITCH A, NAGASAKA T, et al. Towards explaining the association between shyness and loneliness: a path analysis with american college students[J]. Social Behavior and Personality An International Journal, 2002, 30 (3): 263 – 270.

[79] WOLKE D, LEE K, GUY A. Cyberbullying: a storm in a teacup? [J].

2017, 26(8): 899 -908.

[80] SMITH P K, MAHDAVI J, CARVALHO M, et al. Cyberbullying: Its nature and impact in secondary school pupils[J]. Journal of Child Psychology and Psychiatry, 2008, 49(4): 376 -385.

[81] HINDUJA S, PATCHIN J W. Cyberbullying: an exploratory analysis of factors related to offending and victimization[J]. Deviant Behavior, 2008, 29(2): 129 -156.

[82] BERAN T, LI Q. Cyber-harassment: a study of a new method for an old behavior[J]. Journal of Educational Computing Research, 2005, 32(3):265 -277.

[83] CALVETE E, ORUE I, ESTÉVEZ A, et al. Cyberbullying in adolescents: modalities and aggressors' profile[J]. Computers in Human Behavior, 2010, 26(5): 1128 -1135.

[84] CRETIN B, YAMAN E, PEKER A. Cyber victim and bullying scale: A study of validity and reliability[J]. Computers and Education, 2011, 57(4): 2261 -2271.

[85] SALAZAR R L. Cyberbullying victimization as a predictor of cyberbullying perpetration, body image dissatisfaction, healthy eating and dieting behaviors, and life satisfaction[J]. Journal of Interpersonal Violence 2021(9): 73.

[86] MANUEL G G, ORUE I, SMITH P K, et al. Longitudinal and reciprocal relations of cyberbullying with depression, substance use, and problematic internet use among adolescents[J]. Journal of Adolescent Health Official Publication of the Society for Adolescent Medicine, 2013, 53(4): 446 -452.

[87] SELKIE E M, KOTA R, CHAN Y F, et al. Cyberbullying, depression, and problem alcohol use in female college students: a multisite study[J]. Cyberpsychology Behavior and Social Networking, 2015, 18(2): 79 -86.

[88] CHU X W, FAN C Y, LIU Q Q, et al. Cyberbullying victimization and symptoms of depression and anxiety among Chinese adolescents: examining hopelessness as a mediator and self-compassion as a moderator[J]. Computers in Human Behavior, 2018, 86(9):377 -386.

[89] HINDUJA S, PATCHIN J W. Bullying, cyberbullying and suicide[J]. Archives of Suicide Research, 2010, 14(3):206 -221.

[90] BAUMAN S, TOOMEY R B, WALKER J L. Associations among bullying, cyberbullying, and suicide in high school students[J]. Journal of Adolescence, 2013, 36 (2): 341 -350.

[91] SERMAT V. Review of loneliness: a sourcebook of current theory, research and therapy[J]. Canadian Psychology, 1984, 25(4): 301 -303.

[92] WEISS R S. Reflections on the present state of loneliness research[J]. Journal of Social Behavior and Personality, 1987, 2(2):1 -9.

[93] HAWKLEY L C, CACIOPPO J T. Loneliness matters: A theoretical and empirical review of consequences and mechanisms[J]. Annals of Behavioral Medicine, 2010, 40(2):218 -227.

[94] RUSSELL D, PEPLAU L A, FERGUSON M L. Developing a measure of loneliness[J]. Journal of Personality Assessment, 1978, 42(3):290 -294.

[95] HAYS R D, DIMATTEO M R. A short-form measure of loneliness[J]. J Pers Assess, 1987, 51(1): 69 -81.

[96] HENNINGER W R, OSBECK A, ESHBAUGH E M, et al. Perceived social support and roommate status as predictors of college student loneliness[J]. Journal of College and University Student Housing, 2016(42):46 -59.

[97] VARGHESE M E , PISTOLE M C. College student cyberbullying: self-esteem, depression,Loneliness, and attachment[J]. Journal of College Counseling, 2017, 20(1):7 -21.

[98] HOGLUND C L, COLLISON B B. Loneliness and irrational beliefs among college students[J]. Journal of College Student Development, 1989, 30(1): 53-58.

[99] WHIRTER B T. Loneliness, learned resourcefulness, and self-esteem in college students[J]. Journal of Counseling and Development, 2014, 75(6): 460-469.

[100] 蒋艳菊,李艺敏,李新旺.大学生孤独感结构特点的初步研究[J].心理科学, 2005(3): 690-693,701.

[101] LIU H, ZHANG M, YANG Q, et al. Gender differences in the influence of social isolation and loneliness on depressive symptoms in college students: a longitudinal study[J]. Social Psychiatry and Psychiatric Epidemiology, 2019, 55(2):251-257.

[102] BEK H. Understanding the effect of loneliness on academic participation and success among international university students[J]. Journal of Education and Practice, 2017, 8(14):46-50.

[103] AYTAÇ K Y. Investıgating the impact of internet dependency on student-teachers' loneliness of adiyaman university[J]. Journal of Education and Training Studies, 2018, 6(2): 58.

[104] ÖZDEMIR Y, KUZUCU Y, SERIFE A K. Depression, loneliness and internet addiction: How important is low self-control[J]. Computers in Human Behavior, 2014, 34(4): 284 - 290.

[105] TABAK I, ZAWADZKA D. Loneliness and internet addiction of polish adolescents[J]. Psychiatria I Psychologia Kliniczna, 2017, 17(2): 104-110.

[106] EFFECT T M, BETWEEN L, SUPPORT S, et al. The mediating effect of college student's loneliness between social support and internet addiction tendency[J]. Chinese Journal of Clinical Psychology, 2010, 16(5):

534 –536.

[107] SARASON I G, LEVINE H M, BASHAM R B, et al. Assessing social support: the social support questionnaire[J]. Journal of Personality and Social Psychology, 1983, 44(1): 127 –139.

[108] 李强.社会支持与个体心理健康[J].天津社会科学,1998(1):66 –69.

[109] ZIMET G D, POWELL S S, FARLEY G K, et al. Psychometric characteristics of the multidimensional scale of perceived social support. [J]. Journal of Personality Assessment, 1990, 55(4): 610 –617.

[110] 严标宾,郑雪.大学生社会支持、自尊和主观幸福感的关系研究[J].心理发展与教育,2006, 22 (3) :60 –64.

[111] MALECKI C K, DEMARY M K. Measuring perceived social support: Development of the child and adolescent social support scale (CASSS)[J]. Psychology in the Schools, 2002, 39 (1): 1 –18.

[112] VAUX A, PHILLIPS J, HOLLY L, et al. The social support appraisals (SS-A) scale: studies of reliability and validity[J]. American Journal of Community Psychology, 1986, 14(2): 195 –218.

[113] 肖水源.《社会支持评定量表》的理论基础与研究应用[J].临床精神医学杂志,1994, 4(2): 98 –100.

[114] TAJALLI P, SOBHI A, GANBARIPANAH A. The relationship between daily hassles and social support on mental health of university students[J]. Procedia-Social and Behavioral Sciences, 2010, 5(1):99 –103.

[115] LIN M P, WU J Y W, YOU J, et al. Association between online and offline social support and internet addiction in a representative sample of senior high school students in Taiwan: The mediating role of self-esteem[J]. Computers in Human Behavior, 2018 ,84(7): 1 –7.

[116] PARK G, CHOI Y. The effects of stress, social support and impulsiveness on

adolescents' internet addiction [J]. The Korean Journal of Rehabilitation Nursing, 2011(12):145 – 152.

[117] HAEKYUNG C, KYUNGHEE K. Internet addiction, social support and psychological factors in adolescents[J]. Journal of Korean Academy of Child Health Nursing, 2004, 10(4):406 – 412.

[118] ZHOU X, ZHU H, ZHANG B, et al. Perceived social support as moderator of perfectionism, depression, and anxiety in college students[J]. Social Behavior and Personality, 2013, 41(7): 1141 – 1152.

[119] 林雅萍. “使用与满足”理论与互联网环境下的文献接受[J]. 上海师范大学学报(哲学社会科学版), 2010, 38 (6): 76 – 84.

[120] 陈浩,赖凯声,董颖红,等. 社交网络(SNS)中的自我呈现及其影响因素[J]. 心理学探新,2013, 33(6): 541 – 553.

[121] 张铭凯. “自卑与补偿”理论之于大学生教育: 内涵,意义与启示[J]. 社会心理科学,2012(3): 59 – 62.

[122] 刘庆奇,牛更枫,范翠英,等. 被动性社交网站使用与自尊和自我概念清晰性:有调节的中介模型[J]. 心理学报, 2017, 49 (1): 60 – 71.

[123] MUCHINSKY P M, MONAHAN C J. What is person-environment congruence? Supplementary versus complementary models of fit[J]. Journal of Vocational Behavior, 1987, 31(3): 268 – 277.

[124] 朱绘霖,程乐华. 补充、补偿:博主的两种自我表达方式及其呈现效果研究[C]//中国社会心理学会 2008 年全国学术大会论文集,2008: 176 – 197.

[125] 丁宇,肖凌,郭文斌,等. 社会支持在生活事件 – 心理健康关系中的作用模型研究[J]. 中国健康心理学杂志,2005, 13(3): 161 – 164.

[126] MACKINNON D P. Introduction to statistical mediation analysis[M]: New York Mc Graw-Hill, 2008: 239.

[127] BARON R M, KENNY D A. The moderator mediator variable distinction in social psychological research: Conceptual, strategic, and statistical considerations[J]. Journal of Personality and Social Psychology, 1986, 51(6): 1173 – 1182.

[128] HAYES A F, MATTHES J. Computational procedures for probing interactions in OLS and logistic regression: SPSS and SAS implementations[J]. Behavior Research Methods, 2009, 41(3): 924 – 936.

[129] GREENLAND R S. Identifiability and exchangeability for direct and indirect effects[J]. Epidemiology, 1992, 3(2): 143 – 155.

[130] VANDERWEELE T J, VANSTEELANDT S, et al. Odds ratios for mediation analysis for a dichotomous outcome[J]. American Journal of Epidemiology, 2010(10): 1339 – 1348.

[131] 杨春潇,张大均,梁英豪,等. 大学生社会支持与抑郁情绪关系的 meta 分析[J] . 中国心理卫生杂志,2016, 30 (12): 939 – 945.

[132] CALVETE E, ORUE I, MANUEL G G. Cyberbullying victimization and depression in adolescents: the mediating role of body image and cognitive schemas in a one-year prospective study[J]. European Journal on Criminal Policy and Research, 2016, 22(2): 271 – 284.

[133] 孙晓军,连帅磊,牛更枫,等. 社交网站使用对青少年抑郁的影响:上行社会比较的中介作用[J] . 中国临床心理学杂志,2016, 24 (1): 32 – 35.

[134] HOU J, NDASAUKA Y, JIANG Y, et al. Excessive use of WeChat, social interaction and locus of control among college students in China[J]. Plos One, 2017, 12(8): 1 – 18.

[135] 苏雷,胡玲,赵媛媛,等. 微信平台对肿瘤患者抑郁及治疗依从性的影响[J]. 医学研究与教育, 2016, 33(6):41 – 44.

[136] PEREZ J E, RIGGIO R E, KOPELOWICZ A. Social skill imbalances in

mood disorders and schizophrenia [J]. Personality and Individual Differences, 2007, 42(1): 27 –36.

[137] 陈春宇,连帅磊,孙晓军,等. 社交网站成瘾与青少年抑郁的关系:认知负载和核心自我评价的中介作用[J] . 心理发展与教育,2018 (2): 210 –218.

[138] LEI H, LI S , CHIU M M, et al. Social support and Internet addiction among mainland Chinese teenagers and young adults: A meta-analysis [J]. Computers in Human Behavior, 2018, 85(8): 200 –209.

[139] 黄芥,周珲,董光恒,等. 大学生网络游戏成瘾与社会技能、自尊水平的关系[J] . 中国健康心理学杂志, 2012, 20(11): 1757 –1759.

[140] 牛更枫, 鲍娜, 周宗奎,等. 社交网站中的自我呈现对生活满意度的影响:积极情绪和社会支持的作用[J]. 心理发展与教育, 2015 (5): 54 –61.

[141] JACKSON T. Protective self-presentation, sources of socialization, and loneliness among Australian adolescents and young adults [J]. Personality and Individual Differences, 2007, 43 (6): 1552 –1562.

[142] RUEGER S Y, MALECKI C K, PYUN Y, et al. A meta-analytic review of the association between perceived social support and depression in childhood and adolescence[J]. Psychological Bulletin, 2016, 142(10): 1017 –1067.

[143] 沈友田,胡笑羽,叶宝娟. 压力对大学生抑郁的影响机制:领悟社会支持与应对方式的中介作用[J] . 心理学探新, 2018, 38 (3): 76 –81.

[144] DITZEN B, HEINRICHS M. Psychobiology of social support: the social dimension of stress buffering [J]. Restor Neurol Neurosci, 2014, 32 (1): 149 –162.

[145] LIU Y, ZHANG N, BAO G, et al. Predictors of depressive symptoms in college students: A systematic review and meta-analysis of cohort studies [J].

Journal of Affective Disorders, 2019(244):196 –208.

[146] 周琛. 大学生社会技能、社会支持、心理健康关系研究[D]. 西安: 西北大学, 2008.

[147] WANG G, ZHANG W, ZENG R. WeChat use intensity and social support: the moderating effect of motivators for WeChat use[J]. Computers in Human Behavior, 2019, 91(2):244 –251.

[148] LIU J, BULLOCK A, COPLAN R J, et al. Developmental cascade models linking peer victimization, depression, and academic achievement in Chinese children[J]. British Journal of Developmental Psychology, 2018, 36(1): 47 –63.

[149] WONG N M L, LIU H L, LIN C, et al. Loneliness in late-life depression: structural and functional connectivity during affective processing[J]. Psychological Medicine, 2016: 2485 –2499.

[150] FLORANG J, JENSEN L, GOETZ S. Cyberbullying and depression among adolescents in an acute inpatient psychiatric hospital[J]. Adolescent Psychiatry, 2018, 8(2): 133 –139.

[151] LIAN S L, SUN X J, ZHOU Z K, et al. Social networking site addiction and undergraduate students' irrational procrastination: The mediating role of social networking site fatigue and the moderating role of effortful control[J]. Plos One, 2018, 13 (12): 1 –20.

[152] KOC M, GULYAGCI S. Facebook addiction among turkish college students: the role of psychological health, demographic, and usage characteristics[J]. Cyberpsychol Behavior and Social Networking, 2013, 16 (4): 279 –284.

[153] 王笑天. 大学生社交网站自我呈现与使用强度的相关研究[D]: 广州大学,2013.

[154] HAYS R, DIMATTEO M R. A short-form measure of loneliness[J]. Journal

of Personality Assessment, 1987, 51 (1): 69 -81.

[155] 姜乾金. 领悟社会支持量表 [J]. 中国心理卫生杂志, 1999(13): 131 -133.

[156] ELHAI J D, LEVINE J C, DVORAK R D, et al. Problematic smartphone use: a conceptual overview and systematic review of relations with anxiety and depression psychopathology[J]. Journal of Affective Disorders, 2016 (207):251 -259.

[157] LIU Y, JIANG L, BILLIEUX J, et al. Problematic smartphone use and its relation with anxiety and depression: a survey in a large sample of undergraduates (Article in Chinese) [J]. China Medical Abstracts (Internal Medicine), 2017, 50 (4): 270 -275.

[158] 赵笑颜, 胡晓斌, 张梦菡. 兰州市大学生网络成瘾与抑郁的关系[J]. 中国学校卫生, 2012 (10): 1179 -1181.

[159] 代长顺, 王永阳. 郑州市青少年抑郁症状和网络成瘾状况及其两者间的关系分析[J]. 现代预防医学, 2020, 47 (11): 71 -74.

[160] 陈天丽. 不同培养类型大学生网络成瘾和抑郁的状况研究[J]. 教育现代化, 2017(13): 179 -181.

[161] DEMIRCI K, AKGNÜL M, AKPINAR A. Relationship of smartphone use severity with sleep quality, depression, and anxiety in university students[J]. Journal of Behavioural Addictions, 2015, 4(2): 85 -92.

[162] 樊琳,陈从军,丁社教. 大学生微信使用与抑郁的关系研究:微信妒忌的中介作用[J]. 教育理论与实践, 2019, 39 (6): 6 -8.

[163] 张敏, 唐大伟, 蒋群,等. 南通市大学生网络成瘾现状及其影响因素分析[J]. 中国学校卫生,2015(3): 64 -66.

[164] LIAN S L, SUN X J, ZHOU Z K, et al. Social networking site addiction and undergraduate students' irrational procrastination: the mediating role of social

networking site fatigue and the moderating role of effortful control[J]. Plos One, 2018, 13(12): 162.

[165] ANDREASSEN C S. Online social network site addiction: a comprehensive review[J]. Current Addiction Reports, 2015, 2(2): 175 – 184.

[166] 贾月亮,安龙,贾月明. 大学生社交能力与网络成瘾的关系:社会适应与自卑感的链式中介作用[J]. 中国临床心理学杂志, 2019(1): 103 – 107.

[167] 冯媛媛. 社交网络中大学生自我呈现的现状及对策研究[J]. 黑龙江生态工程职业学院学报, 2019, 32 (3): 111 – 113.

[168] 丁倩,张曼曼,张永欣. 自恋与社交网站成瘾:炫耀性自我呈现的中介作用[J]. 中国临床心理学杂志, 2019, 27(1): 99 – 102,107.

[169] 郑晓雪. 大学生微博使用过程中的暴力行为与心理健康问题的关联[D]. 合肥: 安徽医科大学, 2018.

[170] 朱鹤,石凡超,安澜,等. 中国部分大学生网络欺凌行为发生现状调查分析[J]. 吉林大学学报(医学版), 2016, 42 (3): 605 – 611.

[171] 王颖宏. 大学生自我接纳、领悟社会支持、社会交回避和苦恼的关系研究[D]. 石家庄:河北师范大学,2011.

[172] ZHANG M L, ZHANG J M, ZHANG F, et al. Prevalence of psychological distress and the effects of resilience and perceived social support among Chinese college students: Does gender make a difference[J]. Psychiatry Research, 2018(267): 409 – 413

[173] 张志云. 大学生孤独感与问题性社交网站使用:社交焦虑、社会自我效能感的链式中介作用 [D]. 上海: 上海师范大学,2019.

[174] 金鑫,李岩梅,李小舒,等. 网络社交态度、网络信任、人际信任与社交焦虑、孤独感之间的关系[J]. 中国临床心理学杂志, 2017, 25(1): 185 – 187,16.

[175] JOSE L J M, FUENSANTA L R. Measuring the relationship between social media use and addictive behavior and depression and suicide ideation among university students[J]. Computers in Human Behavior, 2018, 87(10): 183-191.

[176] STEERS M L N, WICKHAM R E, ACITELLI L K. Seeing everyone else's highlight reels: how facebook usage is linked to depressive symptoms[J]. Journal of Social and Clinical Psychology, 2014, 33(8): 701-731.

[177] SEABROOK E M, KERN M L, RICKARD N S. Social networking sites, depression, and anxiety: a systematic review[J]. Jmir Mental Health, 2016, 3(4): 50.

[178] 荀寿温，黄峥，郭菲. 青少年网络成瘾与抑郁之间的双向关系[J]. 中国临床心理学杂志，2013，21(4)：613-615.

[179] 季文平，高荣，张志华. 安徽省临床医学生网络成瘾现状及其影响因素[J]. 中国学校卫生，2019，40(8)：116-118.

[180] 李笑燃，姜永志，张斌. 孤独感对青少年问题性移动社交网络使用的影响：人际困扰和积极自我呈现的作用[J]. 心理科学，2018，41(5)：95-101.

[181] 张书皓. 大学生父亲教养方式、自我接纳与社交网络中自我呈现策略的关系研究[D]. 石家庄：河北师范大学.

[182] 陈雪峰，时勘. 孤独感与领悟社会支持对大学生心理健康的影响[J]. 中国临床心理学杂志，2008，16(5)：534-536.

[183] HENNINGER W R, OSBECK A, ESHBAUGH E M, et al. Perceived social support and roommate status as predictors of college student loneliness[J]. 2016, 42(2): 46-59.

[184] VALERI L, VANDERWEELE T J. Mediation analysis allowing for exposure-mediator interactions and causal interpretation: theoretical assumptions and

implementation with SAS and SPSS macros[J]. Psychol Methods, 2013, 18(2): 137 -150.

[185] WRIGHT S. The method of path coefficients[J]. Annals of Mathematical Stats, 1934, 5(3): 161 -215.

[186] RIJNHART J J M, TWISK J W R, EEKHOUT I, et al. Comparison of logistic-regression based methods for simple mediation analysis with a dichotomous outcome variable[J]. BMC Medical Research Methodology, 2019(19): 1 -10.

[187] WU H, CHEUNG S F, LEUNG S O. Simple use of BIC to assess model selection uncertainty: an illustration using mediation and moderation models [J]. Multivariate Behavioral Research, 2019, 55(1): 1 -16.

[188] 温忠麟,叶宝娟. 中介效应分析:方法和模型发展[J]. 心理科学进展, 2014, 22 (5): 731 -745.

[189] 张文龙,叶一舵. 研究生新生领悟社会支持对心理健康的影响机制[J]. 南京医科大学学报(社会科学版),2019, 19(5): 367 -370.

[190] 马建苓, 刘畅. 错失恐惧对大学生社交网络成瘾的影响:社交网络整合性使用与社交网络支持的中介作用[J]. 心理发展与教育, 2019, 35 (5): 605 -614.

[191] GRIEVE R, INDIAN M, WITTEVEEN K, et al. Face-to-face or Facebook: can social connectedness be derived online[J]. Computers in Human Behavior, 2013, 29(3): 604 -609.

[192] KLEMANSKI D H, CURTISS J, MCLAUGHLIN K A, et al. Emotion regulation and the transdiagnostic role of repetitive negative thinking in adolescents with social anxiety and depression[J]. Cognitive Therapy and Research, 2017, 41(2): 206 -219.

[193] 罗鑫森,熊思成,张斌,等. 大学生手机成瘾与抑郁的关系:孤独感的中介

作用[J]．中国健康心理学杂志，2019(6)：915－918.

[194] INDIAN M，GRIEVE R. When Facebook is easier than face-to-face：social support derived from Facebook in socially anxious individuals[J]. Personality and Individual Differences，2013，59(2)：102－106.

[195] KISILEVICH S，ANG C S，LAST M. Large-scale analysis of self-disclosure patterns among online social networks users：a Russian context[J]. KnowleDWGe and Information Systems，2012，32(3)：609－628.

[196] 孙梦圆,刘堃. 孤独感在中学生社交焦虑与抑郁症状间的中介作用分析[J]．中国卫生统计，2018，35(6)：926－928.

[197] SHAW A M，TIMPANO K R，TRAN T B，et al. Correlates of Facebook usage patterns：The relationship between passive Facebook use，social anxiety symptoms，and brooding[J]. Computers in Human Behavior，2015，48(7)：575－580.

[198] 陈启玉,唐汉瑛,张露,等. 青少年社交网站使用中的网络欺凌现状及风险因素:基于1103名7～11年级学生的调查研究[J]．中国特殊教育，2016，(3)：89－96.

[199] WONG NML，LIU HL，LIN C，et al. Lonclincss in late-life depression：structural and functional connectivity during affective processing[J]. Psychological Medicine，2016，46(12)：2485－2499.

附　录

附录 A　陕西省大学生社交网络使用及其对心理健康的影响调查问卷

亲爱的同学:你好!

为了促进我省青年学生身心的健康发展,特此开展“陕西省大学生社交网络使用及其对心理健康的影响 ”问卷调查。本调查采取**匿名方式**填写,**你无须将自己的姓名写在问卷上**,同时你提供的宝贵信息仅用于科研,问卷资料不会外泄。

请仔细阅读问卷内容,根据条目的要求认真作答,不要遗漏。问卷中涉及的问题,选项并无对错之分。在回答问卷的过程中,如有不清楚的地方,请询问我们的研究人员,他们会尽力给予解释。知情同意后,方可开始填写问卷,再次感谢你的参与!

●填写方法:在相应选项的“□”处打“√”,在数字处画“○”;或在“____”处填写

一、基本情况

1. 你的性别:□男□女

2. 年级:①大一;②大二;③大三;④大四;⑤大五;⑥研一;⑦研二;⑧研三;

⑨博士

3. 专业:①经济学;②法学;③教育学;④文学/历史/哲学;⑤管理学;⑥理学;⑦工学;⑧农学;⑨医学;⑩艺术设计学(最好能写出专业名称)

4. 家庭人口数:________人

5. 家庭年收入:□0 ~4 万元□4.0001 万元 ~8 万元□8.0001 万元 ~13 万元□13 万元以上

6. 你的身高:________厘米

7. 你的体重:________公斤

8. 父亲文化水平:□初中水平或以下□中专或高中水平□本科或大专水平□硕士水平或以上

9. 母亲文化水平:□初中水平或以下□中专或高中水平□本科或大专水平□硕士水平或以上

10. 你在班级中的学习成绩:

□中上(班中前 1/3)□中等□中下(班中后 1/3)

11. 你认为自己的学习压力如何?

□没有□较轻□一般□较重□很重

12. 你的想法父母能理解吗?

□从来没有被理解□很少被理解□经常被理解□总是被理解

13. 当你遇到困难或挫折时,愿意告诉你的父母吗?

□从来没有告诉过□很少告诉□经常告诉□总是告诉

14. 你合理的物质诉求,父母能满足吗?

□从来没有满足□很少满足□经常满足□总是满足

15. 对与父母的关系,你感到满意吗?

□不满意□有一点不满意□比较满意□非常满意

16. 在过去 **6 个月**内,请根据你在学习中的实际情况选择合适的选项。

过去6个月内的情况描述	选项					
	未发生	发生过,对你产生的影响的程度				
		没有	轻度	中度	重度	极重
a. 考试失败或成绩不理想	0	1	2	3	4	5
b. 学习负担重	0	1	2	3	4	5
c. 家庭经济困难	0	1	2	3	4	5
d. 升学压力	0	1	2	3	4	5

17. 你使用智能手机多久了?(智能手机是指可以用来上网、玩游戏等的手机)

□从未用过□<2 年□2~4 年□5~7 年□8~10 年□10 年以上

18. **过去1周**,你平均每天使用智能手机多长时间?

□从未用过□<0.5h□0.5~1h□>1~2h□>2~3h□>3~4h□>4h

二、上网情况

1. 从你首次上网到现在,有多长时间了?

□1~2 年□3~5 年□6~8 年□9~10 年□10 年以上

2. **过去1个月**,平均而言,你每周有多少天会上网?

□几乎没有□1 天□2 天□3 天□4 天□5 天□6 天□7 天

3. 请根据自己的实际情况进行选择。

情况描述	选项	
	是	否
a. 你是否需要通过增加上网时间以获得满足感	1	2
b. 你是否经常不能抵制上网的诱惑或很难停止上网	1	2
c. 停止使用互联网时你是否会产生消极的情绪体验和不良的生理反应	1	2
d. 每次上网实际所花的时间是否都比原定时间要长	1	2
e. 上网是否已经对你的人际关系、学习造成负面影响	1	2
f. 你是否对家人、朋友或心理咨询人员隐瞒了上网的真实时间和费用	1	2
g. 你是否将上网作为逃避问题和排遣消极情绪的一种方式	1	2

三、社交网络使用情况

社交网络是指 QQ **空间**、**人人网**、**微博**、**开心网**、**微信**、**快手**、**抖音**等可以建立自己的社交页面的网络服务，能够为人们提供交流互动的平台。

1. **过去 1 年**，你使用频率较高的社交网络有(最多选三项)：

□微信□微博(如新浪/腾讯等)□QQ 空间□人人网(原校内网)□开心网□抖音□快手□其他，请说明________

2. 你主要通过什么设备登录社交网络？(选最主要的一项)

□电脑(台式/笔记本)□平板电脑(如 iPad 等)□智能手机□其他____

3. 你使用这些社交网络的时间有多久？(按使用时间最长的计算)

□ <1 年□1 ~2 年□3 ~5 年□6 ~8 年□9 ~10 年□10 年以上

4. 你在课堂上使用过社交网络吗？

□从来没有□偶尔□有时□经常

5. 你使用社交网络的主要目的是(最多选三项)：

□与老朋友保持联系□结交兴趣相同的朋友□学习知识□娱乐消遣

□获取新闻动态□自我表达□其他，请说明________

请根据正在使用的所有社交网络的情况，回答下列问题。

6. **过去 1 个月**，你平均每周有多少天会用社交网络？(包括通过手机、电脑等设备)

□几乎不用□1 天□2 天□3 天□4 天□5 天□6 天□7 天

7. **过去 1 周**，平均而言，你每天在社交网络上花费多少时间？

□ <0.5h□0.5 ~1h□ >1 ~2h□ >2 ~3h□ >3 ~4h□ >4h

8. 在你使用的社交网络上，大约有多少朋友？

□≤50 个　□51 ~100 个　□101 ~200 个　□201 ~300 个

□301 ~400 个　□ >400 个

9. 你社交网络上的朋友主要是哪种类型？

□大多是现实生活中结识的人□大多是通过社交网络结识的人

□两类朋友基本一样多□不清楚

10. **过去1个月**，你在社交网络上有哪些活动？请选择合适的选项。

最近1个月在社交网络上的活动描述	选项				
	从不	较少	有时	经常	总是
a. 给好友留言	1	2	3	4	5
b. 通过即时通信功能与朋友聊天	1	2	3	4	5
c. 回复朋友对自己社交网络内容的评论（如头像、照片、状态等）	1	2	3	4	5
d. 评论朋友的动态、日志、照片等	1	2	3	4	5
e. 分享、转帖	1	2	3	4	5
f. 浏览其他人的动态、照片、日志等	1	2	3	4	5
g. 更新自己的状态	1	2	3	4	5
h. 发照片到自己的社交页面	1	2	3	4	5
i. 发微博、写日志	1	2	3	4	5
j. 编辑自己的社交页面（如更换头像、修改联系方式、隐私设置等）	1	2	3	4	5
k. 浏览信息（如娱乐/时事新闻等）	1	2	3	4	5
l. 看视频或听音乐等	1	2	3	4	5
m. 玩游戏或应用等	1	2	3	4	5
n. 购买/赠送虚拟物品	1	2	3	4	5

11. **过去1个月**，在社交网络上，你的朋友都如何评价你？

□非常负面□较负面□一般□较正面□非常正面

12. **过去1个月**，你在社交网络上有哪些遭遇？

过去1个月在社交网络上的遭遇描述	选项			
	没有	较少	偶尔	经常
a. 因为在社交网络上暴露个人隐私而惹来麻烦	1	2	3	4
b. 在社交网络上被人欺负（如被同学取笑、辱骂等）	1	2	3	4
c. 在社交网络上被人欺骗过（如被骗钱等）	1	2	3	4
d. 在社交网络上遇到过暴力（或色情）等内容	1	2	3	4

13. 请选择你认为最能够代表你的想法的选项。

情况描述	选项				
	完全不同意	不同意	一般	同意	完全同意
a. 我很喜欢使用社交网络	1	2	3	4	5
b. 使用社交网络对我是有利的	1	2	3	4	5
c. 我认为使用社交网络对我有好处	1	2	3	4	5
d. 我认为使用社交网络会给我带来不好的影响	1	2	3	4	5
e. 我身边的好朋友都在使用社交网络	1	2	3	4	5
f. 我总可以挤出时间来使用社交网络	1	2	3	4	5
g. 我可以控制自己使用社交网络的时间	1	2	3	4	5

14. 因为过度使用社交网络,父母会与你发生冲突吗?

□从不□较少□偶尔□经常□总是

15. 请根据自己使用社交网络的经历(或感受),选择最能够代表你的想法的选项。

情况描述	选项				
	完全不同意	不同意	一般	同意	完全同意
a. 使用社交网络是我每天活动的一部分	1	2	3	4	5
b. 使用社交网络已经成为我每天生活的一部分	1	2	3	4	5
c. 当一段时间不登录社交网络,我就会感觉与外界失去了联系	1	2	3	4	5
d. 我感觉我是社交网络群体的一部分	1	2	3	4	5
e. 如果关闭社交网络,我会感到难过	1	2	3	4	5
f. 我会用社交网络查看我在社会上认识的人	1	2	3	4	5
g. 我使用社交网络去更多地了解我的同学	1	2	3	4	5
h. 我使用社交网络去更多地了解住在我附近的人	1	2	3	4	5
i. 我使用社交网络能与我的老朋友保持联系	1	2	3	4	5
j. 我用社交网络结识新的朋友	1	2	3	4	5
k. 在社交网络上可以找到兴趣相同的人	1	2	3	4	5
l. 我经常通过社交网络与现实生活中不认识的人聊天	1	2	3	4	5

续表

情况描述	选项				
	完全不同意	不同意	一般	同意	完全同意
m. 相对于每天都见面的朋友，我感觉与社交网络上的朋友更亲密	1	2	3	4	5
n. 相对于在现实生活中花时间与朋友相处，我更喜欢花时间在社交网络上与朋友相处	1	2	3	4	5
o. 我喜欢通过社交网络和别人交谈胜过面对面的交流	1	2	3	4	5

16. 请选择一个合适的选项，概括你**<u>最近 1 个月</u>**使用社交网络的情况。

情况描述	选项				
	极不符合	不符合	一般	符合	非常符合
a. 因为使用社交网络，我很难集中精力在我的学业上	1	2	3	4	5
b. 每天起床后我脑海里的第一件事就是登录社交网络	1	2	3	4	5
c. 我花了太多时间在社交网络上而出现失眠	1	2	3	4	5
d. 使用社交网络妨碍了我的社交活动	1	2	3	4	5
e. 当我情绪低落时，登录社交网络会让我感觉好点	1	2	3	4	5
f. 我的家人/朋友认为我在社交网络上花费的时间太多	1	2	3	4	5
g. 如果我不能访问社交网络，我会感到很焦虑	1	2	3	4	5
h. 我曾经尝试少花些时间在社交网络上，但是没有成功	1	2	3	4	5

17. 总体来说，你认为社交网络对你的影响如何？

□非常负面□较负面□一般□较正面□非常正面

四、社会心理等健康状况

1. 请根据自己的实际情况，选择一个最能够代表自己想法的选项。

情况描述	选项						
	极不同意	很不同意	稍不同意	中立	稍同意	很同意	极同意
a. 当我有需要的时候，总有一个好朋友在我身边	1	2	3	4	5	6	7

续表

情况描述	选项						
	极不同意	很不同意	稍不同意	中立	稍同意	很同意	极同意
b. 我有一个好朋友，无论开心或者不开心，我都可以同他/她分享	1	2	3	4	5	6	7
c. 我的家人真的十分愿意帮助我	1	2	3	4	5	6	7
d. 我的家人可以给我心理上的支持	1	2	3	4	5	6	7
e. 我有一个真的可以安慰我的朋友	1	2	3	4	5	6	7
f. 我的朋友真的愿意帮助我	1	2	3	4	5	6	7
g. 如果有什么事发生，我可以依靠我的朋友	1	2	3	4	5	6	7
h. 我可以和家人诉说我自己的问题	1	2	3	4	5	6	7
i. 我有一些朋友，无论开心或不开心，我都可以同他们分享	1	2	3	4	5	6	7
j. 我有一个好朋友，他/她会关心我的感受	1	2	3	4	5	6	7
k. 我的家人愿意和我一起作决定	1	2	3	4	5	6	7
l. 我可以和朋友倾诉自己的问题	1	2	3	4	5	6	7

2. 请按照你**最近 1 周**的实际情况，选择最适合你的答案。

情况描述	选项			
	没有或偶尔（少于 1 天）	有时（1～2 天）	时常或一半时间（3～4 天）	多数时间或持续（5～7 天）
a. 一些通常并不困扰我的事使我心烦	0	1	2	3
b. 我不想吃东西；我胃口不好	0	1	2	3
c. 我觉得即便有家人或朋友帮助也无法摆脱这种苦闷	0	1	2	3
d. 我感觉自己同别人一样好	0	1	2	3
e. 我很难集中精力做事	0	1	2	3
f. 我感到压抑	0	1	2	3
g. 我感到做什么事都很吃力	0	1	2	3
h. 我觉得未来有希望	0	1	2	3
i. 我认为我的生活一无是处	0	1	2	3

续表

情况描述	选项			
	没有或偶尔（少于1天）	有时（1~2天）	时常或一半时间（3~4天）	多数时间或持续（5~7天）
j. 我感到恐惧	0	1	2	3
k. 我睡觉不解乏	0	1	2	3
l. 我很幸福	0	1	2	3
m. 我比平时话少了	0	1	2	3
n. 我感到孤独	0	1	2	3
o. 人们对我不友好	0	1	2	3
p. 我生活快乐	0	1	2	3
q. 我曾经放声痛哭	0	1	2	3
r. 我感到忧愁	0	1	2	3
s. 我觉得别人厌恶我	0	1	2	3
t. 我走路很慢	0	1	2	3

3. 请根据实际情况选择你的答案。

情况描述	选项				
	非常不同意	不同意	中立	同意	非常同意
a. 在网上有一些我信任的人能帮我解决问题	1	2	3	4	5
b. 当我要作重要的决定时，网上有人可提供意见	1	2	3	4	5
c. 在网上没有人可以让我舒服地谈及我的私人问题	1	2	3	4	5
d. 当我觉得孤独时，网上有些人可以和我聊天	1	2	3	4	5
e. 如果我急需500元，在网上有人可以帮助我	1	2	3	4	5
f. 在网上和我交往的人，愿意以他们的信誉为我作担保	1	2	3	4	5
g. 在网上和我交往的人，会是我很好的学习榜样	1	2	3	4	5
h. 在网上和我交往的人会尽力帮助我	1	2	3	4	5
i. 我与网上的人了解不够深，因此他们不会为我做一些重要的事情	1	2	3	4	5
j. 在网上和我交往的人会为我打抱不平	1	2	3	4	5

4. 请根据实际情况选择最适合你的选项。

情况描述	选项				
	非常不同意	不同意	中立	同意	非常同意
a. 多数情况下,我的生活都接近我的预期	1	2	3	4	5
b. 我的生活非常棒	1	2	3	4	5
c. 我对我的生活非常满意	1	2	3	4	5
d. 目前为止,我已经得到了我想要的东西	1	2	3	4	5
e. 如果重新开始我的生活,我不会作出任何改变	1	2	3	4	5

5. 请根据实际情况作出最适合自己的选择。

情况描述	选项			
	一直	从不	很少	有时
a. 我缺少伙伴	1	2	3	4
b. 没有可以寻求帮助的人	1	2	3	4
c. 我是一个愿意交朋友的人	1	2	3	4
d. 我感到被人冷落	1	2	3	4
e. 我感到和其他人疏远了	1	2	3	4
f. 当我需要的时候,我都可以找到伙伴	1	2	3	4
g. 我因为很少与别人来往而感到伤心	1	2	3	4
h. 我周围有很多人,但他们并不关心我	1	2	3	4

6. 过去 1 个月内,你吸过烟吗?

□没有

你平均每天吸几支烟? □ <1 支□1 ~2 支□3 ~4 支□ >4 支

7. 过去 1 周内,除学校体育课外,你还进行体育锻炼吗?(如打篮球、跑步等,每次最少 10 分钟以上)

□从不锻炼□1 ~3 次/周□4 ~6 次/周□几乎每天都锻炼

8. 过去 1 周,你用多长时间进行体育锻炼?

□ <0.5h□0.5 ~1h□ >1 ~2h□ >2h

* * * 问卷到此结束,祝你学习进步,谢谢你的参与! * * *

附录B　团体辅导效果评估调查问卷

你好!

本次针对大学生抑郁的社交网络使用心理团体辅导干预活动已经全部结束,非常感谢同学们的参与和配合。为了提升后续工作成效,请你根据个人参与情况填写以下内容！谢谢!

(每题只选择一个选项)

1. 你喜欢这次团体辅导活动吗? ________

A. 非常喜欢　　B. 喜欢　　C. 不喜欢

2. 这次团体辅导活动对你了解过度使用社交网络对心理健康的影响________。

A. 非常有帮助　　B. 有帮助　　C. 没有帮助

3. 这次团体辅导对于你更全面深入地了解自我________。

A. 非常有帮助　　B. 有帮助　　C. 没有帮助

4. 这次团体辅导活动对于你深入再认知自我生命价值________。

A. 非常有帮助　　B. 有帮助　　C. 没有帮助

5. 这次团体辅导活动,对于你合理规划自己的大学时光________。

A. 非常有帮助　　B. 有帮助　　C. 没有帮助

6. 这次团体辅导活动,对你控制上网时间________。

A. 帮助非常大　　B. 有帮助　　C. 没有帮助

7. 团体辅导结束后,你调控个人心情的能力________。

A. 有很大提高　　B. 有提高　　C. 没有提高

8. 团体辅导结束后,你不高兴的心情________。

A. 减少很多　　B. 有减少　　C. 没有减少

9. 团体辅导结束后，你获取社会支持（父母支持和同学支持）的能力________。

A. 有很大提高　　B. 有提高　　C. 没有提高

10. 团体辅导结束后，你的人际交往和沟通能力________。

A. 有很大提高　　B. 有提高　　C. 没有提高

11. 你对本次团体辅导的形式和内容________。

A. 非常赞成　　B. 比较赞成　　C. 不赞成

12. 团体辅导目标的实现程度________。

A. 非常高　　B. 比较高　　C. 不高

13. 这次团体辅导给予你的帮助________。

A. 非常多　　B. 比较多　　C. 不多

14. 团体辅导对你生活状态的影响程度________。

A. 非常大　　B. 比较大　　C. 不大

15. 你还愿意参加类似团体辅导吗？

A. 非常愿意　　B. 愿意　　C. 不愿意

16. 请你根据实际情况作出评价。

活动内容	评价标准			
	非常好	好	一般	不好
第一次活动（线下） 社交网络使用对抑郁的影响的介绍（危害认知）	4	3	2	1
第二次活动（线上） 萨提亚模式冰山理论的介绍（自我重塑）	4	3	2	1
第三次活动（线下） 基于自我认知的时间管理团体辅导	4	3	2	1
第四次活动（线上） 网络人际沟通能力提升技巧培训	4	3	2	1
第五次活动（线下） 人际关系改善团体辅导	4	3	2	1
其他活动（线上） 每天微信群的温馨提示	4	3	2	1

附录 C　相关部门对本次调查研究的证明材料

中共陕西省委高等教育工作委员会部室函件

关于开展“大学生社交网络使用及其对社会心理健康影响”问卷调查的通知

各有关高校：

为了充分了解我省大学生社交网络使用情况及其对大学生社会心理健康的影响状况，并在此基础上有针对性地提出相应措施，以应对社交网络带来的新挑战，进而引导我省大学生能正确使用社交网络，促进大学生身心健康发展，省高教工委学工部特组织开展“大学生的社交网络使用情况及其对大学生社会心理健康的影响”的问卷调查活动，现将具体事宜安排如下：

1. 采用填写问卷调查的形式，被抽取参与调查的高校名单见附件。

2. 每所被抽取高校调研 1000 名学生，采取分年级集中填写的方式，学科专业各校可以自己选定，各年级调查人数分配见附件。

3. 各高校在组织填写调查问卷时，要认真检查、核对，保质保量，请不要有空缺和漏项。

- 1 -

4. 请各高校在 2018 年 10 月 31 号前将调查问卷邮寄回省委高教工委学工部。

联系人：马继刚　　联系电话：029-88668882，18829343110

邮寄地址：西安市长安南路 563 号（省委高教工委学工部）

附件：被抽取参与调研高校名单及调研人数分配表

中共陕西省委高教工委学工部

2018年9月[illegible]1日

- 2 -

附录 D　大学生社交网络使用及其对心理健康的影响调查问卷的展示与相关说明

注:本研究共印制调查问卷 21 500 份,调查大学生 21 000 名,回收有效问卷 19 105 份,本研究问卷设计复印费 4.3 万元,数据录入费 3.821 万元,调研用奖品、交通费等 2.5 万元,合计花费 10.621 万元。

书　评

书评 1　解码社交网络与大学生抑郁的关联

抑郁是常见的大学生心理健康问题之一，表现为持久性心境低落，并伴有痛苦或不愉快的负性情绪状态。它会对大学生的学习、生活带来严重的负面影响，极端情况下会引发大学生的自杀行为。预防抑郁症是大学生心理健康工作的重要内容，研究抑郁的影响因素和影响机制能够有效预防抑郁症的发生，有重要的理论和实践意义。

西安交通大学陈永华教授就大学生社交网络使用与抑郁的关系开展相关研究，并将研究成果撰写为《大学生社交网络使用与抑郁的关系及干预研究》一书。该书以心理学、思想政治教育学、流行病与卫生统计学等多学科交叉为基础，以理论探索为支撑，采用多中心大样本的横断面问卷调查探讨大学生社交网络使用与抑郁的关系，分析了社交网络成瘾、社交网络暴力、社交网络自我呈现的现状和特点，以及大学生抑郁、孤独、社交网络使用、领悟社会支持的得分在社会人口学资料组间的差异性，发现了领悟社会支持、孤独、社交网络暴力分别在微信使用、每天使用社交网络时间、社交网络成瘾、自我呈现和抑郁之间的中介作用，构建基于社交网络使用的大学生抑郁防治策略理论模型，在此基础上进一步分析了社交网络使用对抑郁产生的作用机制，并提出了相应的团体干预策略，验证了团体干预的效果。

该著作研究内容丰富、创新性较强，研究设计和方法较为合理，图表展示清楚，结构脉络清晰，逻辑性强，讨论客观，综述较为全面，引文规范，体现了作者具备坚实宽广的专业理论基础和深入系统的专业知识，亦体现了作者具有独立从事科学研究的能力。

特此推荐。

乔志宏

北京师范大学心理学部　党委书记、教授

北京师范大学心理健康教育与咨询中心　主任

教育部全国学生心理健康工作咨询委员会　秘书长

书评2　构建社交网络环境下大学生心理健康教育的新模式

谁掌握了互联网,谁就掌握了时代主动权。在科技化、信息化、网络化日新月异的时代,社交网络成为当代大学生学习生活中不可缺少的一部分,可以说是大学生的“第二生活空间”。这种“第二生活空间”的不断拓展使社会结构扁平化,大学生价值取向多元化。社交网络正潜移默化地改变着大学生的学习生活方式、思想认知和价值观念,同时也对大学生的心理健康产生了巨大影响。深入研究“第二生活空间”对大学生的影响,有利于我们正确引导大学生健康成长。

该著作具有很强的前沿性。青年代表着未来,了解青年就是走向未来。陈永华教授所著的《大学生社交网络使用与抑郁的关系及干预研究》一书聚焦于在校大学生社交网络使用情况,运用实证研究法深入分析了社交网络使用与抑郁之间的关系,通过中介效应探讨了大学生社交网络使用对抑郁的作用机制。在此基础上,进一步建立了干预策略理论模型,对大学生抑郁情况进行心理干预,并追踪干预效果,提出了有针对性的干预策略。

该著作具有独特的创新性。青年人健康,我们的未来就有希望。该著作创新性地分析了社交网络使用时间与大学生心理健康之间的关系。作者采集了大量的大学生社会网络使用时间样本数据,并进一步细化大学生每天社交网络使用时间节点,进行科学的实证分析。这对于引导大学生合理控制社交网络使用时间,预防抑郁发生具有重要指导意义。

该著作具有极好的实践性。引导青年人健康成长,是教育工作者的使命。任何科学的理论都来源于实践,科学理论的价值在于指导实践的发展。作者关于大学生社交网络使用与抑郁的关系的研究,源于对大学生社交网络的使用情况及大学生抑郁现象的现实分析，最终也回归实践，通过构建大学生抑郁干预策略理论模型，提出基于社交网络使用的大学生抑郁干预策略，对维护大学生的心理健康具有重要意义。

网络空间是亿万民众重要的精神家园，也是大学生精神生活的栖居地之一。陈永华教授所著的《大学生社交网络使用与抑郁的关系及干预研究》一书，逻辑结构严谨，研究方法科学，引证资料翔实，文字表达简练，研究观点独特而新颖。该著作为我们提供了一个看待社交网络使用与大学生抑郁相关关系的全新视角，有利于帮助大学生更好地管理和规范社交网络行为，让大学生在网络空间健康社交，不断丰富自身精神生活，树立积极进取的人生态度，担负起新时代的使命和责任。

燕连福

西安交通大学马克思主义学院　院长、教授

第八届国务院学科评议组马克思主义理论组　成员

教育部高等学校思想政治理论课教学指导委员会“研究生思想政治理论课”分教学指导委员会　副主任委员

书评3 社交网络双刃剑:大学生抑郁问题新视角

随着计算机技术的更新换代和网络通信技术的日新月异,人类社会开始全面步入信息时代。数字化技术的发展改变了人们的生活、工作状态,人们传统的交往方式也发生了深刻的变革,已经突破了物理空间、时间空间和现实空间的限制,逐渐延伸至网络空间。

大学生是社交网络的重要使用群体。一方面,大学生通过社交网络平台进行社会参与、人际沟通、情感表露、信息交流和自我呈现;另一方面,社交网络是一把双刃剑,它可能会使人在网络世界中迷失自我。"手机控"现象就是社交网络使用不恰当的外在表现,如果不能及时调整干预,就可能逐步发展为"问题性社交网络使用",从而对大学生的心理健康产生负面影响。调查大学生抑郁与社交网络使用现状并从社会生态学视角分析其影响因素,揭示其中介机制,是开展干预研究的基础,亦可为大学生"绿色使用"手机和网络探索出一条新路。

西安交通大学陈永华教授将现状研究与干预研究相结合,首先采用横断面研究调查了陕西省19 105名在校大学生的抑郁水平及社交网络使用状况、社会人口学特征等,探讨社交网络使用与抑郁水平之间的关系与影响因素、影响路径,通过分析大学生抑郁、社交网络使用、孤独以及领悟社会支持的得分在社会人口学资料组间的差异性,为大学生分类、分层管理提供理论线索。随后再选取60名大学生,开展随机对照干预实验,对干预组进行社交网络使用的团体心理辅导,再结合对比评价,发现社交网络使用心理团体辅导对抑郁、社交网络成瘾、孤独及社交网络暴力等的减少有积极意义。本书是将横断面研究发现与干预验证良好结合的互补研究,选题具有很好的现实意义,成果弥补了同类研究存在的不足,同时增补了该研究领域新的认知,对指导大学生合理使用社交网络有较高的参考价值。

整本书逻辑架构清晰，立论充分，文笔流畅，把心理学、流行病学和卫生统计学等学科的专业知识很好地应用于分析与讨论，反映出作者对相关领域的研究进展非常熟悉，体现了作者对这一专题的深入思考。期待作者深入大学生群体，把握时代脉搏，不断推出新的研究成果。

陶芳标

安徽医科大学公共卫生管理学院　院长、教授

人口健康与优生安徽省重点实验室　主任

国家卫健委卫生标准委员会　委员

书评4　数字时代的大学生心理健康探究

大学生作为新鲜事物的“易接受群体”，是数字时代社交网络使用的主力军，但不恰当的社交网络使用会影响大学生的人际交往方式，干扰其正常认知及情绪控制能力，甚至会增加抑郁风险，从而对其心理健康造成危害。目前国内外在社交网络使用背景下针对大学生群体心理健康方面的研究多为单中心的小样本调查，且未在多变量条件下探讨社交网络使用与大学生心理健康之间的关系，其作用机制也亟待通过多中心的大样本调查来进行探究。

为此，西安交通大学陈永华教授开展了这方面的研究，并将研究成果撰写成《大学生社交网络使用与抑郁的关系及干预研究》一书。该书通过实证研究，系统地分析了社交网络使用与大学生抑郁症状之间的关联，并提出了针对性的干预策略，对于了解数字时代下的大学生心理健康具有重要的理论和实践意义。

本书交叉视角明显。作者使用传播学中的“使用与满足理论”、社会学中的“社会补偿理论”“社会比较理论”、心理学中的“人际沟通理论”等多学科视角分析了社交网络对人们心理健康的影响。这种跨学科的综合分析能够更为全面地审视大学生社交网络使用对心理健康的潜在影响。

本书观点新颖独特。从多层次的理论构建和全面的实证研究再到精准干预措施的提出，全书逻辑严密，层层递进。作者通过对现有文献的细致梳理与批判性分析，明确了大学生社交网络使用与抑郁症之间可能存在的因果链条，并基于此提出了一个新的理论框架。这一框架不仅考虑了社交网络的使用频率等外部因素，还深入探讨了个体的家庭特征，如父母文化程度、与父母的关系、家庭年收入以及社交网络自我呈现等内在变量。这种多因素交互作用的探讨为剖析大学生抑郁状况提供了一个更加全面和复杂的视角。

本书具有较强的现实指导价值。作者提出针对性的干预措施,详细介绍了干预对照实验的具体流程和方法,通过对实验结果的分析,从领悟社会支持提升、孤独消解和社交网络暴力防范的角度针对性地提出大学生抑郁的干预策略。这些策略为高校心理辅导工作者和教育管理者提供了具体可行的解决方案,有助于提升大学生的心理健康水平,预防和减轻抑郁症的发生。

全书图表和数据呈现得当,有助于读者更好地把握研究内容。同时,作者对于研究局限性的坦诚讨论,体现了作者的学术严谨性,也为后续研究提供了改进的方向。

本书对于心理学、社会学、教育学等领域的研究者和实践者都具有重要的参考价值,是了解数字时代大学生面对的心理健康挑战的必读之作。

李明德

西安交通大学新媒体学院　首任院长、教授

西安交通大学新闻与传播研究所　所长

《西安交通大学学报(社科版)》　主编

后　记

时间犹如白驹过隙，感觉撰写这本著作的日子已过去许久。伊始，心中已知这注定不是一条平坦路，诸多坎坷在未来的科研工作中会层出不穷。真正开始后，方知比预想中更加艰难，但这并没有阻止我继续追求上进，反而更加鞭策着我，始终不忘初心，笃定前行。尽管因各种事务繁忙而总是时间紧张，尽管有大量调查研究工作等需要各种组织协调，尽管因专业知识再扩展而需要阅读大量文献，但追求进步的信念始终支撑着我，向前，向前。唯有不断向前才能超越眼前的困难，唯有不断向前才能让愿望实现，唯有不断向前才能闯出属于自己的一片天。蓦然回首，曾经经历了科研选题的困惑，经历了撰写专著之路的彷徨，但追求卓越的动力和诸多亲朋好友的鼓励与帮助，让我咬紧牙关坚持了下来，在人生目标上有了航向，在学术科研上有了提升，在学习生活上有了进步。在此，谨向所有给予我鼓励与帮助的人致以最崇高的敬意。

首先，感谢我的导师颜虹教授多年来对我的谆谆教导，使我受益匪浅。每每遇到困难，颜老师总是给予我宽慰，让我重新获得奋斗的动力。特别是颜老师精益求精、孜孜不倦的科研精神，更是深刻鞭策着我，让我不敢有半点松懈。跟随着颜老师的步伐，在颜老师的精心栽培下，我对科研从懵懂模糊到有独立思想且更加严谨求实。

感谢马军教授拨冗指导为本书作序，感谢陶芳标教授、乔志宏教授、燕连福教授、李明德教授为本书撰写书评。

感谢马乐教授、王小琴教授在合作中所提供的真诚帮助，感谢他们在本书撰写中给予的悉心指导，使我在科研之路上，少了些许磕磕绊绊。

感谢夏结来教授、闫永平教授、尚磊教授、庄贵华教授、曾令霞教授、王亚萍教授在百忙之中给予指导和支持。

感谢王明旭教授、姚斌教授、赵亚玲副教授、李超教授、陈方尧副教授、李红燕老师、闫琼老师、米白冰副教授、马璐副教授以及其他各位老师在学术上给予我的建议和帮助。

感谢原陕西省高教工委学工部部长田民正、马继刚老师及陕西各高校学工部广大同仁在项目调研期间给予的支持和帮助,使问卷调查工作如期完成。

感谢田文喜教授、史红卫博士、邵兆申工程师在生活、科研上对我的鼓励与支持,让我每每有放弃的想法时,又获得了再出发的动力。

感谢申胜平教授、徐自力教授、李小跃老师、李昱静老师、韩阳老师在工作上的支持、分担与帮助,让我能挤出些许时间开展科研工作。

感谢张月、李洋、寇文静、刘曦、赵纯玉等同学在项目推进时对我的支持和协助。

感谢家人的大力支持和深情理解,让我能随心所欲徜徉在科研之路上。感谢所有帮助过、鼓励过、指导过我的亲朋好友们!

感谢西安交通大学出版社秦茂盛副总编辑、张娟编辑在本书出版过程中给予的支持和帮助。

本书的出版得到了2023年度陕西省社科著作出版资助项目的资助(立项号:2023SKZZ019),也得到了西安交通大学基本科研业务费专项科研项目重大成果专项的资助(人文社会科学学术著作出版基金,立项号:SK2024069),在此深表谢意。

本书是2024年度教育部人文社会科学研究规划基金项目“大学生社交网络使用对抑郁的作用机制及干预策略研究”(项目批准号:24YJA710006)的研究成果;本书部分内容为陕西省社会科学基金项目“陕西省大学生社交网络使用对心理健康的影响及干预策略研究”(立项号:2024p017)的阶段性成果。

不负众望,砥砺前行,谨以此书表示最真诚的感谢,向你们致敬!

陈永华

2024年12月